BUZZ

Alby Azevedo

CAOS A TEORIA

Caos parece desordem até que você entenda as regras do jogo

Ao meu Senhor.
Ao meu pai.
À minha mãe.
Ao meu irmão.
Ao sr. Einstein.
E especialmente à minha adorável esposa.

Prefácio

POR MAIS DE DUAS DÉCADAS, MERGULHEI NOS INTRINCADOS PAdrões da Teoria do Caos, buscando entender a ordem oculta por trás da aparente aleatoriedade do mundo. Essa exploração ao longo da vida moldou não apenas meu pensamento, mas também minhas criações como escritor e como tecnólogo apaixonado.

Costumo dizer que caminhei pelo Vale da Sombra da Morte, enfrentando tempestades que a maioria não consegue ver, encarando provações que se esculpiram no tecido da minha alma. A vida me testou, me dobrou, me remodelou, mas eu a enfrentei com ousadia repetidas vezes.

Durante essa jornada, comecei a notar algo... um padrão. Uma repetição estranha, quase precisa demais para ser aleatória. Como se algum jogador invisível, escondido atrás de uma tela cósmica, estivesse me movendo como um avatar em um jogo do qual eu não me lembrava de ter participado.

Por anos, as teorias me assombraram — aqueles sussurros da Matrix, de realidades simuladas, de jogos que não terminam quando o controle é largado. Não pude deixar de me perguntar: quando saímos da sala, quando não estamos mais observando... nossos avatares continuam? Ou ficam congelados, suspensos no código, esperando que alguém — alguma coisa — retorne?

Lembro-me de Nick Bostrom — o filósofo que olha profundamente para o abismo do futuro e pergunta: "E se já estivermos dentro da máquina?".

Ele é conhecido por explorar o risco existencial, a superinteligência, a teoria da simulação e o destino a longo prazo da humanidade.

Essa Hipótese da Simulação existe há muitos séculos. Não é algo novo nem se refere ao lançamento do filme *Matrix* até os tempos atuais.

Na Alegoria da Caverna de Platão — uma das metáforas mais assombrosas e esclarecedoras da filosofia ocidental —, ele pinta um quadro de seres humanos acorrentados dentro de uma caverna escura, de frente para uma parede branca. Atrás deles, uma fogueira arde e, entre a fogueira e os prisioneiros, marionetistas passam por objetos cujas sombras são projetadas na parede. Essas sombras são tudo o que os prisioneiros conhecem. Eles as nomeiam, as estudam, vivem por elas — acreditando que as sombras são a realidade.

Mas um dia, um prisioneiro é libertado. Cambaleando em direção à luz, ele vê as marionetes. Então, do lado de fora da caverna, ele é ofuscado pelo sol, mas lentamente começa a perceber o mundo como ele realmente é — vívido, pleno, divino. E quando retorna à caverna para compartilhar o que viu, os outros zombam dele. Eles temem a luz. Apegam-se às sombras.

A religião, Carl Jung e, mais recentemente, Elon Musk colaboraram com essa ideia da simulação por meio de estudos e da percepção de que algo não estava certo.

Neste livro, você encontrará um capítulo inteiro dedicado a essa questão — juntamente com evidências convincentes de que a Teoria do Caos de Edward Lorenz pode, de fato, ser uma das forças invisíveis que moldam o mundo como o conhecemos.

Vamos explorar a famosa ideia de que o bater de asas de uma borboleta no Brasil poderia desencadear um tornado no Texas — uma metáfora intrigante introduzida pelo renomado meteorologista Edward Lorenz.

Convido você a mergulhar comigo nesta série de livros que explora a Teoria do Caos não como uma abstração matemática distante, mas como um princípio vivo, entrelaçado com nosso cotidiano. Participe da conversa em nosso site e em nossas redes sociais, onde hospedaremos discussões, debates e compartilharemos histórias de leitores do mundo todo.

Vamos descobrir os padrões ocultos no ruído — juntos.

Esta jornada promete ser tão emocionante quanto reveladora.

1

Um homem, sua história e sua teoria

CALMA, PESSOAL! SE ORGANIZAR DIREITINHO, TODO MUNDO FALA
??
III CONFERÊNCIA INTERNACIONAL DE TEORIA DO CAOS

— Harvard.
— Tudo acontece em Harvard?
— Obviamente não.
— E no MIT?
— Também não.

Mas foi entre essas duas instituições que surgiu uma das ideias mais fascinantes do século XX, nas mãos de um homem que não estava tentando revolucionar o mundo. Apenas entender o clima.

Edward Norton Lorenz, nascido em 1917, era um homem de hábitos discretos e mente inquieta. Formou-se em matemática pelo Dartmouth College, concluiu o mestrado em Harvard e depois mergulhou no estudo da meteorologia no MIT, onde alcançou o título de doutor. Lorenz foi o responsável por uma descoberta que mudaria para sempre a forma como entendemos o mundo: pequenas mudanças no ponto inicial podem gerar efeitos gigantescos e imprevisíveis.

Antes de suas descobertas ganharem os salões da ciência, Lorenz atuou como meteorologista da Força Aérea dos Estados Unidos. Em um contexto em que a precisão das previsões climáticas podia definir o sucesso ou o fracasso de uma missão, ele começou a perceber que os modelos meteorológicos tradicionais eram limitados demais para capturar a complexidade do mundo real. Aquilo que parecia apenas mais um trabalho técnico se tornou, para ele, um chamado silencioso. Movido por uma inquietação persistente, passou a questionar os modelos estabelecidos e a buscar formas mais sensíveis, detalhadas e realistas de entender o comportamento da atmosfera — não mais como uma máquina previsível, mas como um sistema vivo, cheio de nuances e surpresas.

De volta ao MIT, agora como pesquisador e professor de meteorologia, Lorenz mergulhou em experimentos que buscavam modelar o comportamento da atmosfera com a ajuda de um computador primitivo, um colosso da época, limitado, mas promissor. Foi durante uma dessas simulações, no início dos anos 1960, que algo inesperado aconteceu. Ao repetir um experimento já conhecido, ele decidiu economizar tempo: em vez de iniciar o cálculo do zero, alimentou a máquina com dados intermediários, extraídos da primeira metade da simulação. Como era o mesmo modelo, rodando no mesmo computador, esperava que o resultado fosse idêntico. Mas não foi. A nova simulação rapidamente começou a se desviar, traçando um caminho completamente distinto do anterior. Era como se o próprio sistema tivesse tomado outra decisão — e isso não fazia sentido algum. Pelo menos, até então.

Intrigado com a divergência entre os resultados, Lorenz revisou cada etapa da simulação. Foi então que identificou um detalhe quase invisível: os dados inseridos manualmente haviam sido arredondados para três casas decimais, enquanto o computador armazenava os valores com seis. A diferença era inferior a 0,1%, algo que, à primeira vista, não deveria importar. Mas importava. Aquele pequeno desvio, quase imperceptível, havia desencadeado uma transformação profunda no comportamento do sistema. O que se esperava ser uma simples repetição revelou, na verdade, uma sensibilidade extrema às condições iniciais. Lorenz acabara de tropeçar, ou melhor, de entrar em um novo paradigma da ciência: o caos.

No ano seguinte, em 1963, Lorenz publicou o artigo que mudaria para sempre o estudo dos sistemas dinâmicos: "Deterministic Nonperiodic Flow". O texto introduziu a ideia de que sistemas dinâmicos e complexos, como o clima, poderiam ser profundamente imprevisíveis, justamente por serem sensíveis a alterações mínimas em suas condições iniciais. O fenômeno ficou conhecido como "caos determinístico", e a partir dele nasceu uma nova forma de compreender o mundo: a Teoria do Caos. Para muitos cientistas, tratava-se da descoberta mais transformadora desde a formulação da gravidade. O trabalho de Lorenz não apenas desafiava o determinismo clássico, como também inaugurou uma era em que incerteza e complexidade passavam a ser levadas a sério, não como falhas do modelo, mas como parte intrínseca da realidade.

A descoberta de Lorenz logo se transformaria em matemática. Da observação do caos, surgiram as equações que descrevem seu comportamento, e com elas, uma imagem que atravessa gerações: o Atrator de Lorenz. Mais do que uma curiosidade visual, ele se tornaria um dos ícones mais reconhecíveis da ciência moderna. Nos próximos parágrafos, vamos entender como três equações simples foram capazes de representar a complexidade de um sistema caótico, e por que, até hoje, elas continuam desafiando a ideia de que o mundo é previsível.

Atrator de Lorenz

Quando ouvimos a palavra "caos", é comum pensarmos em confusão, acaso ou desordem sem lógica aparente. Mas a realidade é bem mais intrigante: o caos pode ser descrito por padrões complexos, sim, mas reais e mensuráveis. Embora não exista uma única equação que o explique por inteiro, alguns modelos matemáticos conseguem revelar os contornos dessa imprevisibilidade. Entre eles, nenhum é tão emblemático quanto o sistema de equações desenvolvido por Edward Lorenz, em 1963, para representar o comportamento da convecção atmosférica. Foi ali que o caos ganhou forma e ciência.

Calma. Este não é um livro sobre fórmulas matemáticas complicadas. Mas vale a pena, mesmo que brevemente, entender como a matemática pode dar forma ao que chamamos de caos. Ao fazer isso, fica claro que a Teoria do Caos não é apenas uma abstração teórica: ela pode ser observada, testada e visualizada. E talvez o exemplo mais marcante dessa aplicação seja o sistema de três equações diferenciais não lineares criado por Lorenz, que nos ajuda a enxergar o invisível: o comportamento dinâmico e imprevisível da atmosfera.

O sistema de Lorenz é composto por três equações diferenciais não lineares e, apesar de sua aparência técnica, elas carregam uma beleza conceitual poderosa. Veja como se organizam:

$$dx/dt = \sigma(y - x)$$
$$dy/dt = x(\rho - z) - y$$
$$dz/dt = xy - \beta z$$

Nessa estrutura:

- x representa a taxa de convecção;
- y indica a diferença de temperatura entre correntes ascendentes e descendentes;
- z está ligado à variação vertical da temperatura no sistema;
- σ (sigma) é o número de Prandtl, relacionado à viscosidade do fluido;
- ρ (rho) ise refere ao gradiente térmico;
- e β (beta) é um fator geométrico relacionado à forma do sistema.

Essas equações formam um sistema interdependente, no qual cada variável influencia as outras em tempo real. O verdadeiro fascínio, porém, está no que acontece quando alteramos minimamente as condições iniciais: o comportamento do sistema muda radicalmente com o tempo e é exatamente aí que o caos se manifesta.

O grande salto conceitual que Lorenz trouxe foi mostrar que a imprevisibilidade não nasce do acaso, mas da precisão extrema exigida por certos sistemas. Em contextos complexos, como o clima ou o comportamento humano, pequenas variações iniciais são inevitáveis e, justamente por isso, o futuro de um sistema caótico não pode ser previsto com exatidão. Essa constatação rompeu com a ideia clássica de que tudo poderia ser previsto, desde que conhecêssemos todas as variáveis. Lorenz provou o contrário: em muitos casos, conhecer tudo não basta, porque o caos está no próprio mecanismo de evolução do sistema.

Quando resolvidas numericamente, as equações de Lorenz revelam uma imagem fascinante: um padrão espiralado, fluido, que lembra duas asas em rotação, como uma borboleta em voo constante, mas sem repetir jamais o mesmo trajeto. Esse é o Atrator de Lorenz: uma estrutura geométrica que nunca segue o mesmo caminho duas vezes, mas também nunca sai de um certo limite. Um símbolo visual poderoso que expressa, de forma quase poética, o paradoxo do caos. Uma ordem delicada escondida dentro da imprevisibilidade.

O gráfico do Atrator de Lorenz tornou-se um dos ícones mais reconhecíveis da ciência moderna. Muito além de sua estética hipnotizante, ele representa uma revolução conceitual: mostra que um sistema pode seguir regras claras e ser determinístico, e ainda assim ter um comportamento imprevisível no longo prazo. É esse o cerne do chamado "caos determinístico": não estamos falando de aleatoriedade pura, mas de sistemas em que o futuro depende tanto do presente que qualquer imprecisão inicial, por menor que seja, torna a previsão inviável. O caos, portanto, não é ausência de lógica. É uma lógica mais sutil e muito mais poderosa do que imaginávamos.

Atrator de Lorenz

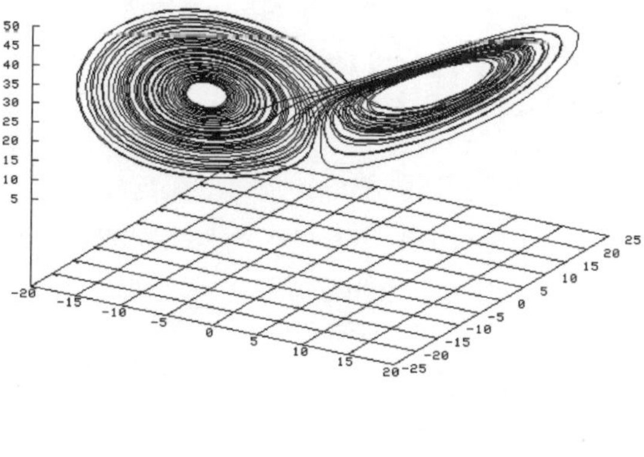

Quando ouvimos
a palavra "caos",
é comum pensarmos
em confusão, acaso
ou desordem sem
lógica aparente. Mas a
realidade é bem mais
intrigante: o caos pode
ser descrito por padrões
complexos, sim, mas
reais e mensuráveis.

Com suas primeiras publicações, a Teoria do Caos rapidamente ultrapassou os limites da meteorologia e consolidou-se como um campo interdisciplinar, conectando matemática, física, biologia, economia e qualquer ciência que lida com sistemas dinâmicos. Seu foco? Fenômenos que evoluem ao longo do tempo e que reagem de maneira intensa a pequenas mudanças no ponto de partida. Embora Edward Lorenz tenha sido o responsável por formalizar o conceito e torná-lo amplamente conhecido, a intuição por trás do caos já havia sido vislumbrada décadas antes.

No final do século XIX, o matemático francês Henri Poincaré, ao tentar resolver o problema dos três corpos, que estuda a interação gravitacional entre três corpos celestes, como a Terra, a Lua e o Sol, fez uma descoberta surpreendente. Ele percebeu que, mesmo seguindo leis físicas bem definidas, o sistema podia exibir comportamentos imprevisíveis: uma pequena mudança na posição de um dos corpos era suficiente para alterar completamente o curso de suas órbitas. Sem nomear o caos, Poincaré havia revelado sua essência e preparado o terreno para o que viria a ser uma das maiores revoluções da ciência moderna.

A chegada da Teoria do Caos transformou profundamente a maneira como compreendemos o mundo à nossa volta. Ela desafiou a antiga convicção de que sistemas determinísticos, ou seja, que seguem regras fixas, seriam necessariamente previsíveis e ordenados. Durante séculos, acreditou-se que, com dados suficientes, seria possível antecipar quase tudo: o comportamento do clima, o movimento dos mercados, o avanço das tecnologias ou até os rumos da sociedade. Mas a realidade mostrou-se bem mais complexa.

Ao evidenciar a extrema sensibilidade às condições iniciais e a imprevisibilidade no longo prazo, a Teoria do Caos abriu novas perspectivas para interpretar tanto fenômenos naturais — como furacões, ecossistemas e padrões climáticos — quanto dinâmicas humanas — como decisões em grupo, flutuações econômicas e surgimento de ideias dentro de uma empresa. Ela nos ensina que a estabilidade pode ser ilusória, e que mesmo o que parece controlado pode conter, em sua base, forças caóticas prontas para emergir.

Essa mudança de perspectiva foi muito além dos laboratórios e artigos científicos, ela também foi filosófica e profundamente prática. A Teoria do Caos nos convida a repensar a forma como planejamos, tomamos decisões e reagimos ao inesperado. Em vez de enxergar o mundo como um mecanismo previsível, ela nos mostra um universo sensível, interconectado e em constante transformação, onde pequenas ações podem gerar consequências desproporcionais.

Com isso, ganhamos uma nova lente para observar tanto os grandes sistemas quanto os detalhes mais sutis da vida: como uma ideia se espalha, por que mercados oscilam, como mudanças culturais acontecem ou por que uma decisão aparentemente inofensiva pode alterar o rumo de um projeto, de uma carreira ou de uma sociedade inteira.

Se existe uma mensagem clara da Teoria do Caos para a vida cotidiana, é esta: por mais controle que busquemos, o mundo continuará sendo imprevisível. Cada escolha, cada gesto, cada fator aparentemente irrelevante pode desencadear consequências inesperadas. Uma mensagem enviada fora de hora, uma reunião que não acontece, uma ideia que parece pequena demais para importar. Tudo isso pode, com o tempo, alterar o curso das coisas.

Mas longe de ser um alerta de instabilidade, o caos é também uma oportunidade. Ele nos convida à consciência e à adaptação. É justamente nesse terreno incerto que surgem as maiores inovações, os saltos criativos, as mudanças de rota que transformam trajetórias inteiras. Compreender o caos é aprender a lidar com a incerteza sem se perder nela. É dançar com o imprevisível sem abrir mão da direção.

Nos próximos capítulos, vamos explorar como esses princípios se manifestam no cotidiano, nos negócios, nas relações humanas, na liderança e na construção de um futuro mais adaptável. Porque entender o caos é, no fundo, entender a nós mesmos.

2

Eu sou uma longa história

POKER FACE

DEPOIS DE LER SOBRE LORENZ, EQUAÇÕES E ATRATORES EM FORMA de borboleta, você talvez esteja esperando que eu continue explicando teorias. Mas aqui vai um aviso: a partir de agora, o caos tem nome, rosto, passaporte, e já passou por pitches, pré-aceleração, falência e chegou no pote de ouro.

Não foi nos livros de física que entendi a força do caos, foi observando startups desmoronando diante dos meus olhos, vendo decisões inocentes virarem encrencas monumentais e descobrindo, com uma mistura de espanto e fascínio, que as mesmas dinâmicas que explicam o clima também explicavam as nossas escolhas.

Neste capítulo, o que está em jogo não são mais os modelos matemáticos, mas o campo de batalha real: empresas, emoções, dinheiro e padrões invisíveis que regem tudo isso. Porque, como você vai perceber, o caos não está apenas lá fora. Ele está na reunião que não aconteceu, no investidor que sumiu, no time que se desfez e na mesa de pôquer no fim de semana. E também naquele momento em que você achou que tudo estava sob controle até que não estava mais.

Passei boa parte da minha vida mergulhado na criação de startups, no desenvolvimento de produtos e naquilo que chamam com orgulho de "formação de times de alta performance". Acreditando, como muitos, que bastava reunir pessoas talentosas em torno de uma boa ideia para que o sucesso acontecesse. Tudo parecia promissor, até que comecei a notar uma estatística incômoda, dessas que ninguém gosta de colocar no *pitch deck*: a maioria esmagadora das startups não sobrevive nem ao primeiro ano. E as que sobrevivem? Muitas desaparecem depois como se nunca tivessem existido, engolidas por decisões erradas, timing torto ou pura ilusão de controle.

No passado, atribuí o problema à juventude. Achei que boa parte dessas ideias inovadoras surgia de cabeças brilhantes, porém inexperientes, pessoas com muita disposição, mas pouca vivência para sustentar uma empresa de verdade, daquelas que defendem um conceito novo com consistência. Era uma conclusão rápida, quase automática. E, como você vai ver, também estava equivocada.

Mas eu estou neste mundo para aprender e corrigir o meu entendimento do que estava errado. A questão não era simplesmente juventude e inexperiência, embora esses fatores tenham seu peso. Havia algo mais sutil e mais complexo em jogo. Um emaranhado de variáveis que escapavam à análise superficial e que tornavam o nascimento de uma startup um processo muito mais imprevisível do que parecia à primeira vista.

Então a ficha caiu e tive um momento "eureca": começar uma empresa não era só sobre montar um time, desenvolver um software ou tirar uma ideia do papel. Entendi que era um organismo vivo, em constante mutação, um sistema em que tudo influencia tudo. E foi nesse cenário caótico, onde decisões iniciais aparentemente pequenas desencadeiam consequências imensas, que percebi: ali estava a Teoria do Caos, não mais como conceito distante, mas como realidade vivida.

A partir desse ponto, entendi que eu precisava, literalmente, mudar a perspectiva. Parei de olhar as pessoas nos olhos, de frente, como quem tenta convencer ou corrigir. Comecei a observá-las de cima, como num jogo de estratégia em tempo real ou numa sala de controle aéreo. Lá de cima, tudo faz mais sentido: você vê as rotas se cruzando, os movimentos se repetindo, os conflitos se formando muito antes de explodirem.

Ao assumir essa posição, quase como um controlador de tráfego tentando evitar colisões, passei a enxergar o padrão por trás do caos. Descobri que o comportamento das pessoas, as decisões no início de uma empresa, as alianças formadas nos bastidores e até os silêncios estratégicos tinham impacto direto no futuro daquele sistema dinâmico em construção. Então tomei como lição: o caos não começa quando tudo dá errado. Ele já está presente no início, só que a maioria não está olhando de cima para enxergar.

Quando comecei a observar os movimentos de outro ângulo, com a distância de quem não está mais no centro da cena, os padrões começaram a emergir. Primeiro nos negócios: decisões que pareciam isoladas revelavam consequências conectadas, quase inevitáveis. Mas, com um toque de sensibilidade, percebi que aquele mesmo tipo de dinâmica também operava em outro lugar: dentro de mim.

Porque nem sempre o caos começa com um investimento malfeito ou uma estrutura frágil. Às vezes, ele começa com uma expectativa não dita, uma frustração ignorada, um silêncio prolongado. Então, além de ler o sistema, eu precisava começar a ler a mim mesmo com a mesma clareza, a mesma distância e, principalmente, com menos ilusão de controle.

E foi nesse ponto que a Teoria do Caos parou de ser apenas uma lente para entender empresas e passou a ser a forma como eu começava a entender a vida. A felicidade, a riqueza, as perdas e os acertos... tudo isso deixou de parecer fruto exclusivo de esforço ou planejamento. Começou a se revelar como parte de algo maior, mais fluido e, muitas vezes, completamente imprevisível.

Felicidade plena, isso existe?

Por muito tempo, tentei entender por que algumas pessoas, mesmo cercadas de conquistas, viviam à beira do colapso. Enquanto outras, com muito menos, pareciam atravessar a vida com uma espécie de alegria genuína. Não era sobre sorte. Nem sobre força. Era sobre como cada um lida com o que não pode controlar.

E foi aí que uma pergunta começou a me rondar: Felicidade plena, isso existe?

Não do jeito que costumamos imaginar. A vida não entrega estabilidade em forma de recompensa. O que ela oferece são ciclos de entusiasmo e de aflição, de construção e de colapso. Ninguém

Neste capítulo, o que está em jogo não são mais os modelos matemáticos, mas o campo de batalha real: empresas, emoções, dinheiro e padrões invisíveis que regem tudo isso. Porque, como você vai perceber, o caos não está apenas lá fora.

escapa ileso. Todos carregamos as nossas rupturas: o fim de uma sociedade promissora, a demissão inesperada, o diagnóstico de alguém querido, o silêncio que fica depois de uma ligação que não veio. Tem gente que aprende a continuar. Outros, infelizmente, ficam presos no instante em que tudo desabou.

Por isso, quando falo em felicidade plena, não estou me referindo a um estado permanente de euforia, nem a uma vida imune às tragédias cotidianas. Estou falando da maneira como você interpreta o que acontece com você e, principalmente, como reage a isso. A inteligência emocional ajuda. E, sim, ter crescido num ambiente afetivo, com algum tipo de apoio emocional e estrutura familiar, costuma fazer diferença. Mas a verdade é que muita gente não teve isso e mesmo assim aprendeu, na marra, a construir esse equilíbrio por conta própria. No fim das contas, trata-se de desenvolver um termômetro interno que te ajude a entender seus próprios sinais. Um que diga, com clareza e sem drama: "isso vai passar", ou "você está se sabotando", ou ainda "talvez seja hora de respirar e tentar de novo".

Quantas vezes você foi dormir tentando "deixar para lá" aquele problema, só para acordar no dia seguinte com ele sentado na beira da cama te olhando de volta? Pois é. Problemas ignorados não somem. Eles se fantasiam de monstros e passam a morar nos cantos escuros da mente, esperando a próxima distração para pular no meio do seu dia. Fugir deles só dá mais tempo para que cresçam. Encarar, por outro lado, pode não ser fácil, mas é a única forma de cortar o ciclo e, com sorte, desarmar a bomba antes que ela vire trauma.

Quando você decide enfrentar um problema de frente, sem empurrar com a barriga, sem disfarçar com produtividade ou memes motivacionais, algo começa a mudar. No início, ele ainda assusta. Mas à medida que você olha para ele com honestidade, nomeia o que sente e dedica tempo para entender o incômodo, o monstro começa a encolher. Ele perde a força. Perde o mistério. E aí, quase como num jogo bem jogado: pronto, você vence o monstro.

Mas aqui vai uma verdade incômoda: vencer um monstro não significa que os outros vão embora. Eles voltam. Com outras caras, outros nomes, em outros momentos. Às vezes são crises externas, às vezes são sabotagens internas. E tudo isso forma um sistema, uma sequência de eventos interligados que testam a sua capacidade de manter o eixo mesmo quando tudo ao redor gira fora dele. A diferença é que, depois que você aprende a identificar o padrão, o susto é menor. Você já sabe que não está sendo perseguido pelo destino, mas apenas enfrentando mais uma curva natural da sua própria trajetória. O caos não parou, você é que ficou mais preparado.

Mas então você pode estar se perguntando: se os monstros sempre voltam, se os problemas continuam surgindo, como é possível falar em felicidade plena?

A resposta veio quando percebi que o problema não eram os problemas, era o que eu fazia com eles. Descobri que era possível encarar decepções, rupturas e incertezas sem permitir que elas me destruíssem por dentro. Quando isso aconteceu, algo mudou. Não foi uma revelação mística, nem um manual passo a passo. Foi um ajuste de leitura. Uma nova forma de respeitar o caos e de me entender dentro dele.

E é aí que a Teoria do Caos volta com tudo. Porque ela não explica só os sistemas climáticos ou os mercados. Ela explica também por que você pode estar vivendo sua rotina equilibrada e, de repente, tudo sair do eixo. E, ainda assim, você continuar inteiro.

Foi justamente nesse estado de presença, de lucidez diante do imprevisível, que comecei a perceber outra transformação: minhas decisões ficaram mais precisas, minha percepção mais estratégica e comecei a colher resultados que, antes, pareciam inalcançáveis.

A tal "felicidade plena" não veio sozinha. Ela puxou, aos poucos, um novo entendimento sobre prosperidade. Foi nesse momento que a palavra "riqueza" começou a ganhar um novo significado.

Riqueza, o que é?

Riqueza, segundo o dicionário, é a "qualidade, característica ou condição do que é rico; grande abundância de bens materiais ou recursos financeiros; fartura, opulência".

Uma definição precisa, mas rasa. Porque embora essa visão seja amplamente aceita, ela não dá conta da complexidade que o conceito carrega. Reduz riqueza a acúmulo, quando, na verdade, ela pode estar em outras formas de abundância menos óbvias.

Filósofos, economistas e até neurocientistas já exploraram o tema. Aristóteles associava a verdadeira riqueza à eudemonia: uma vida guiada pela virtude, pelo propósito e pela realização interior.

O economista Amartya Sen, vencedor do prêmio Nobel de Ciências Econômicas, propôs que riqueza não está nos bens em si, mas na liberdade que uma pessoa tem para viver a vida que valoriza.

Yuval Harari, historiador israelense e autor do best-seller *Sapiens: Uma breve história da humanidade*, amplia esse entendimento ao afirmar que prosperidade real tem menos a ver com o que se possui e mais com o significado que se dá às próprias experiências.

Morgan Housel, por sua vez, traz uma visão prática: em *A psicologia financeira*, ele escreve que riqueza não é o que você mostra, mas o que consegue manter, e que ela depende muito mais do seu comportamento sob pressão do que de planilhas bem-feitas.

Já Nassim Taleb, autor de *Antifrágil: Coisas que se beneficiam com o caos*, vai além. Para ele, a riqueza verdadeira está na capacidade de prosperar em ambientes instáveis, onde a maioria apenas sobrevive. Ser rico, nesse contexto, é suportar o caos e até se fortalecer com ele.

No meu caso, a ideia de riqueza começou a mudar quando percebi que, mesmo nos períodos em que o saldo bancário era um campo minado, eu contava com uma abundância silenciosa: criatividade, intuição, capacidade de reação e visão de longo prazo. E que esses fatores, embora não estampassem extratos, foram os que realmente me permitiram crescer e prosperar.

Bingo! Achamos o caminho

Quando comecei a minha jornada empreendedora, a minha riqueza era exatamente essa ligada ao querer, à fé de que tudo posso. Vivia um momento de reviravoltas, com muitas tentativas, algumas boas ideias, outras nem tanto. Até que a onda das startups chegou com força. Era uma fase experimental, em que testar era válido, errar era aceito e pivotar era quase obrigatório.

No meu caso, a ideia de riqueza começou a mudar quando percebi que, mesmo nos períodos em que o saldo bancário era um campo minado, eu contava com uma abundância silenciosa: criatividade, intuição, capacidade de reação e visão de longo prazo.

Um dia, vi um anúncio de inscrições de projetos em uma rede social: o prêmio era uma vaga em uma pré-aceleração promovida por uma universidade bem conceituada. Eu me inscrevi na hora, com aquele tipo de impulso que só empreendedores de verdade conseguem entender. O problema? Precisava ter uma ideia genial que resolvesse algo realmente relevante para o mundo.

O projeto não podia ser individual, e como minha namorada e eu estudávamos Fashion Design, decidimos explorar esse universo. Já tínhamos um esboço, mas ele não resolvia absolutamente nada. Até que, analisando o mercado, percebemos algo óbvio, mas ainda pouco explorado na época: a moda era (ou é) uma das indústrias mais poluentes do planeta, especialmente no descarte de tecidos excedentes pelas fábricas.

BINGO. Encontramos o caminho. Identificamos a dor.

Mas o caminho, como quase sempre acontece no mundo real, não veio pavimentado. Não tínhamos dinheiro para empreender. Só a ideia, a urgência de resolver um problema ambiental relevante e uma vontade absurda de fazer aquilo acontecer.

A pré-aceleração exigia presença diária, o que já era um desafio em si. Morávamos do outro lado da cidade, e não podíamos arcar com o custo de transporte e alimentação todos os dias. Tentamos nos revezar, eu num dia, ela no outro, mas o programa exigia a equipe completa. A sustentação financeira era tão precária quanto a nossa estrutura técnica. Não tínhamos desenvolvedor, nem *business plan*, nem MVP. Tínhamos, basicamente, um problema do mundo real e uma solução que ainda precisava nascer.

E mesmo assim... passamos.

O projeto foi selecionado. Não porque estava pronto, mas porque havia ali algo raro para a época: uma ideia com propósito, um pitch que se conectava com o espírito do tempo e, talvez, uma energia que só quem já enfrentou o caos de perto conseguia transmitir.

Eu não entendia bem na época, só sentia. Sentia que algo estava se movendo, que o sistema tinha começado a responder, mesmo que eu ainda não tivesse total clareza sobre como. Eu me pegava pensando: *será que é isso? Será que é assim que começa?*

Uma ideia mal estruturada, num time improvisado, com mais vontade do que recurso, e mesmo assim... dá certo?

O caos parecia estar operando a nosso favor, não porque tudo fluía, mas porque as variáveis estavam se organizando de um jeito que nenhuma planilha poderia prever. A universidade nos acolheu, o projeto passou a circular entre instituições importantes, começamos a ser chamados para eventos, ganhar menções, prêmios, convites. Só com uma ideia. Só com uma intenção. Só com um pitch bem-feito.

Foi aí que entendi: a ordem aparente do sucesso não começa com controle. Ela começa com percepção. E o caos, aquele que eu vinha estudando de longe, estava ali, me mostrando como ele age. Aos poucos, eu não só aceitava o imprevisível como começava a operar com ele.

Mas quando o caos começa a operar com você, ele também passa a operar ao seu redor. E foi isso que aconteceu.

A ideia, que ainda engatinhava, foi copiada. Outra equipe lançou uma solução semelhante, com mais estrutura, mais investimento, mais desenvolvedores. Aquilo nos causou um incômodo real. Não porque era injusto, mas porque era previsível. Eu já havia sentido que o projeto, do jeito que estava, não se sustentaria por muito tempo.

No fundo, a intuição já tinha me avisado, e talvez por isso, eu mesmo tenha começado a desacelerar. Foi uma espécie de sabotagem inconsciente, mas também uma forma de autopreservação. Como se eu já soubesse que aquele caminho precisava terminar ali para abrir outro, maior.

O *copycat* rodou, ganhou o mercado antes de nós. Mas não teve a mesma repercussão. Não venceu os mesmos desafios. E principalmente: não entendeu o que estava por trás da ideia.

O projeto original, mesmo sem entregas concretas, tinha energia, visão e urgência. A cópia tinha forma, mas faltava alma. Mais um ensinamento valioso absorvido: nem sempre o caos vem para destruir. Às vezes, ele aparece para te desviar com elegância (ou não).

E foi exatamente isso que aconteceu. O projeto copiado abriu espaço para que eu reconhecesse que aquela não era a construção final, era só o esboço. Um rascunho necessário para o que viria depois.

Porque quando se aprende a operar com o caos, até os desvios viram parte do plano.

Do Vale da Sombra da Morte ao Vale do Silício

Depois do *copycat*, da pausa e da intuição que dizia "isso não é o fim, é só a dobra da estrada", eu precisei parar. Não porque quis. Mas porque o fim veio antes da próxima ideia. Tive que buscar novos projetos para me sustentar, reduzir o ritmo, e por um tempo, colocar meus esforços em muito networking, colaborações estratégicas e consumir todo tipo de conteúdo que me preparasse para o próximo salto.

Passado um tempo desde aquela primeira experiência, muita coisa aconteceu. Vieram novas startups, prêmios, reconhecimento, sucessos reais. Inclusive uma startup que deslanchou no setor de pagamentos e segue firme até hoje. Dessa, fiz meu *exit* de modo prematuro, não porque quis sair, mas porque precisei: questões pessoais de saúde na família me tiraram de cena no exato momento em que o palco se iluminava.

O afastamento não foi definitivo. Usei aquele tempo fora do palco para me aprofundar em algo que sempre me atraiu: design. Eu me especializei, mergulhei de cabeça em processos criativos. Um investimento que, anos mais tarde, me ajudaria a integrar um projeto audiovisual incrível, que chegou a ser indicado a uma premiação internacional importante.

Quando o universo das startups voltou a bater à porta, eu estava pronto! Ou pelo menos achava que estava. Recebi um convite que parecia a melhor oportunidade desde aquele *exit* que deixou sabor de quase lá: assumir o cargo de *Chief Marketing Officer* (CMO) em uma startup supersexy, timing perfeito, com um pitch impecável e um time de investidores *hands on* que prometiam mudar o jogo. No papel, tudo brilhava. Na prática... era a entrada no Vale da Sombra da Morte.

Mas essa travessia, com todos os seus abismos, desvios e aprendizados, está contada em outro livro. Aqui, ela serve apenas como ponte para o que realmente interessa: o que vem depois da queda.

Quando a startup do Vale da Sombra também ficou pelo caminho, eu e o novo sócio que havia cruzado essa travessia comigo decidimos continuar juntos. Agora, oficialmente parceiros em tudo o que viria a seguir. Mais uma vez, era preciso buscar novos projetos, voltar ao jogo para pagar as contas, mas também com o cuidado de não cair nas armadilhas do mercado.

Foi assim que aceitamos o convite de um investidor para comandar o desenvolvimento de uma nova startup. O projeto ficava em outra região, um lugar muito mais aprazível. Nos mudamos literalmente para uma ilha. Dessa vez o terreno era fértil: havia investimento inicial, liberdade criativa e uma visão de médio prazo. Pela primeira vez em muito tempo, havia espaço para pensar com calma, com profundidade e deixar as inquietações emergirem sem a pressão por entregas instantâneas. E foi nesse ambiente menos acelerado que algumas perguntas começaram a fazer mais barulho. Não sobre produto, mercado ou concorrência. Mas sobre o funcionamento da própria mente.

Eu começo a compreender que o maior caos das histórias passadas talvez não estivesse somente nas decisões das startups, nem no vaivém dos investidores. Estava dentro dos participantes daquele sistema dinâmico. Mais uma vez parei e olhei para dentro, era um tipo de ruído difuso, quase imperceptível, mas constante. Como se a minha atenção tivesse sido sequestrada por uma centena de abas abertas, todas exigindo resposta ao mesmo tempo.

Comecei a chamar isso de TDAH coletivo. Não o diagnóstico clínico, mas o sintoma da época: atenção fragmentada, foco em colapso, decisões tomadas por reflexo. Era como se a mente estivesse funcionando em modo disperso e, sem foco, fica impossível identificar padrões. E sem padrões, não há como antecipar o caos. Você vira passageiro. E o caos, motorista.

A reorganização mental não trouxe só mais clareza nas decisões, trouxe também a redescoberta de antigos prazeres que estavam soterrados sob a pressa. Um deles foi o pôquer.

Minha TV passou a ficar ligada no canal de pôquer quase o tempo todo. Era como se, depois de anos lidando com o frenesi dos negócios, eu finalmente estivesse pronto para olhar o jogo

A reorganização mental não trouxe só mais clareza nas decisões, trouxe também a redescoberta de antigos prazeres que estavam soterrados sob a pressa.

com outros olhos e com mais atenção. Não era fuga. Era foco. Um retorno intencional, quase científico. Voltei a estudar estratégias, padrões, leitura corporal, controle emocional. E quanto mais eu estudava, mais percebia: o pôquer era o laboratório perfeito para aplicar tudo o que tinha aprendido sobre caos, comportamento e sistemas complexos. Cada jogador era uma variável. Cada mão, uma nova combinação de condições iniciais. E o verdadeiro jogo não estava nas cartas, mas nas decisões sob incerteza. Era como se cada partida fosse um simulador de startup. Só que com menos reuniões e muito mais verdade.

Startups e a Teoria do Caos

Foi nesse espaço de controle e foco que o ruído cedeu lugar à escuta, que o tempo desacelerou o bastante para que ideias pudessem assentar e que a próxima ideia começou a ganhar forma.

Ela não veio como epifania, nem como plano de negócios estruturado. Veio como consequência de tudo que eu já tinha vivido, errado, estudado e vencido. Cada curva, cada tropeço, cada virada inesperada tinham deixado pistas. E pela primeira vez, em vez de apagar o rastro do caos, eu decidi segui-lo.

O caos, que antes parecia inimigo a ser domado, agora virava arquitetura. Ele deixava de ser uma ameaça para se tornar método. Não era mais o que derrubava, era o que revelava.

Foi quando pensei: e se eu focasse o problema, desenvolvesse um modelo e entendesse quais variações poderiam se desdobrar ao longo do tempo? A resposta imediata era: imprevisível, imprevisível... e essa palavra ecoava na minha cabeça. Mas tinha que haver uma saída. E teve.

Eu sabia que a próxima jornada exigiria tudo: foco, estratégia, timing e uma visão de futuro mais aguçada do que nunca. Porque para desenvolver uma empresa milionária, são precisos milhões. Para uma bilionária, bilhões. E assim por diante (se é que se pode ir adiante). Pois bem: havia chegado a hora de colocar todos os aprendizados dos últimos anos em prática, empreender de novo e tocar os tão almejados milhões da riqueza.

Lá, isolados na ilha em virtude da pandemia, eu e meu sócio começamos a trabalhar num projeto paralelo que poderia resolver algo que sempre me intrigou: como alguém que trabalha de forma global, um programador itinerante, um escritor remoto ou um empreendedor liberal, ainda precisa pedir permissão a um banco tradicional para usar o próprio dinheiro em outro país?

Pensamos num banco sem fronteiras. Uma solução verdadeiramente libertária, não no discurso, mas na arquitetura. A ideia era simples de explicar, mas complexa de realizar. Optamos por usar blockchain, carteiras digitais e cartões pré-pagos para permitir que qualquer pessoa recebesse pagamentos em qualquer lugar do mundo e pudesse usar esse dinheiro em qualquer outro lugar, sem depender de um sistema bancário tradicional, mas sem abrir mão da segurança da regulação, da transparência e da velocidade.

Mas toda utopia precisa de infraestrutura. E essa teria que ter uma sede, uma bandeira, um governo por trás. Aí estava mais um nó.

Enquanto libertários se espalhavam pelo mundo gritando: "F... THE BANKS", eu já sabia que sem diálogo com os governos, a tal liberdade seria só discurso de palco.

Os reguladores iriam intervir. Era inevitável. Bastava olhar o que já estava acontecendo: esquemas desmantelados em diversos países, soluções promissoras afundando por má gestão ou por decisões que ignoravam o básico da responsabilidade institucional. Empreendedores enriqueceram às custas dos clientes e colocaram todo o setor sob suspeita.

Eu não queria isso. Não queria fugir do sistema. Queria redesenhar um novo, dentro dele. Um modelo que operasse com o caos, sem virar refém do colapso.

E foi justamente por aceitar que o caos está presente desde o princípio que comecei a estudar as condições iniciais, mapear riscos e projetar variações possíveis. Eu já tinha entendido que mesmo quando duas empresas tomam as mesmas decisões, com o tempo, os resultados podem ser completamente diferentes. A sensibilidade às condições iniciais está em tudo, e ignorar isso é como jogar dados de olhos fechados.

O caos, que antes parecia inimigo a ser domado, agora virava arquitetura. Ele deixava de ser uma ameaça para se tornar método. Não era mais o que derrubava, era o que revelava.

Estudei a fundo o sistema bancário global e percebi alguns sinais que podiam se desdobrar em nosso favor, exatamente como a Teoria do Caos previa. O principal entendimento foi de que o problema não eram apenas as fronteiras geográficas, era a tecnologia. A resposta não estava em fugir dos bancos ou gritar contra os governos, mas em criar uma estrutura híbrida, em que a inovação não entrasse em guerra com a regulação.

Imaginamos um modelo em que uma startup pudesse obter licenças de funcionamento em diferentes países, com todas as transações registradas na blockchain e um sistema de *compliance* automatizado e robusto cuidando da origem dos clientes e dos fundos. Se os reguladores pudessem acompanhar tudo com facilidade e em tempo real, o risco de interferência negativa cairia drasticamente. E isso nos daria a permissão que outros modelos nunca conseguiram alcançar.

A mágica estava aí: combinar boa tecnologia, licenças bem estruturadas e, acima de tudo, clareza. Nada escondido. Nada improvisado. Tudo pensado para funcionar dentro do caos e não contra ele.

O investimento apareceu. O sucesso veio. A engrenagem começou a girar com força, os resultados eram incontestáveis, os clientes chegaram, e a estrutura se mostrou sólida mesmo em crescimento acelerado. Chegamos a movimentar dezenas de milhões de dólares em nossa plataforma, com receitas robustas geradas e empresas espalhadas em países ao redor do mundo.

Em qualquer outro cenário, isso seria o início do fim. Mas aqui, não. Porque eu já tinha previsto esse ponto de ruptura quando incluí o caos na estratégia inicial. Eu me preparei não para evitá-lo, mas para absorvê-lo. E foi justamente por ter antecipado os possíveis desdobramentos que consegui reagir com velocidade, reposicionar o modelo e levantar a empresa, não do zero, mas quatro vezes maior do que era na fase com investimento.

Usei o que aprendi em anos de observação: o caos é inevitável, mas você pode aprender a construir dentro dele. Porque quando se entende o caos como parte do plano, até a crise vira combustível.

E foi com esse combustível, feito de previsões que pareciam intuição, mas eram leitura de padrão, que fundei o escritório da nova startup no Vale do Silício. A operação seguiu crescendo, ganhando tração global. Cruzamos o país para abrir escritório em Nova York, no coração do Financial District.

O caos nos trouxe até aqui. A estratégia nos manteve de pé. E foi nesse ponto, quando a teoria virou método, e o método virou escala, que a riqueza financeira finalmente chegou. Não como meta solitária, mas como reflexo de uma estrutura construída com margem de erro, profundidade de visão e coragem de seguir mesmo quando tudo parecia imprevisível.

3

O pôquer e a Teoria do Caos

SABE, NÃO ADIANTA FAZER CARÃO SE VOCÊ CONTINUA ABANANDO O RABO!

QUANDO LIGO A TV SEM UM PROGRAMA ESPECÍFICO, QUASE SEMPRE caio no mesmo canal: pôquer. E não é porque sou um profissional (ainda), mas porque esse jogo virou uma lente. Uma lente que, vez ou outra, revela o mundo real com mais clareza.

É no silêncio antes da aposta, na hesitação disfarçada, no blefe que funciona por um fio ou no caos que transforma um 7 e um 2 em uma mão vencedora, que eu enxergo o que realmente me interessa: os sinais.

Como se um sino tocasse na minha cabeça, entende?

O pôquer virou um laboratório em que a Teoria do Caos deixou de ser conceito e passou a ser prática. E, sem perceber, foi ali que comecei a tomar algumas das decisões mais importantes da minha vida e dos meus negócios.

Pode parecer exagero, mas quem joga de verdade já entendeu, mesmo que não saiba nomear, que há uma lógica no imprevisível.

Alguns dos melhores jogadores do mundo não citam a Teoria, nem fazem ideia do que seja um atrator em formato de borboleta. Mas vivem isso na prática. Enxergam os sinais antes dos outros: o olhar que muda, a hesitação na aposta, a sequência de mãos que altera o clima da mesa.

No fundo, o pôquer não é sobre cartas, é sobre ler sistemas em movimento. E como nos estudos de Lorenz, não é na primeira rodada que a coisa se revela. É com o tempo. É quando o sistema estende sua ação por mais tempo que os sinais começam a surgir.

O pôquer virou um laboratório em que a Teoria do Caos deixou de ser conceito e passou a ser prática. E, sem perceber, foi ali que comecei a tomar algumas das decisões mais importantes da minha vida e dos meus negócios.

São quase sempre sutis. Aquela mínima mudança na condição inicial: uma aposta ligeiramente menor, um blefe hesitante e a trajetória muda completamente. Como no atrator de Lorenz: o desenho nunca se repete, mas você sabe que há um padrão ali, se olhar com atenção.

Durante o tempo em que morei na ilha, fui convidado por um dos meus investidores para uma tradicional noite de pôquer entre amigos. Nada profissional. Só um grupo seleto de jogadores amadores, reunidos pelo clube do whisky e por um espírito competitivo bastante real.

Quando me sentei à mesa, achei que ia só observar. Mas os sinais estavam todos ali, quase gritantes, e não demorou muito até eu entender como aquele sistema funcionava. As apostas, os blefes, os olhares desviados... os sinais estavam presentes e não eram difíceis de ler.

Ao final da noite, restaram três: eu, o investidor e um jogador silencioso. A disputa ia se afunilar e com o passar das horas o cansaço batia e a leitura dos sinais era inevitável. E sei que eles também os liam. Ambos eram bons, experientes e estrategistas. Contudo, eu não consumo bebida alcoólica e a minha sobriedade era meu segundo trunfo naquela mesa. Então minha leitura, que vinha se provando certa, apontou para que se eu seguisse apostando, o investidor perderia no *turn* daquela mão, ele estava blefando.

Por um breve momento, oscilei. Derrotar o meu anfitrião seria uma boa estratégia? Mas rapidamente a essência do pôquer falou mais alto. Jogar é, acima de tudo, respeitar o jogo. E respeitar é ganhar quando se pode ganhar. Já dizia Sun Tzu no famoso livro *A arte da guerra*: "Se a vitória está ao seu alcance, você deve avançar. Não hesite". E foi o que fiz. O verdadeiro respeito não era proteger ninguém. Era honrar o espírito do jogo. Jogar para valer. E se eu pudesse ganhar, tinha a obrigação de tentar ganhar.

O embate final foi contra o desafiante habilidoso. Uma batalha longa, técnica, cheia de armadilhas de ambos os lados. No fim, não levei o troféu simbólico da noite, mas saí da mesa com algo muito maior: respeito e aquela sensação de jogo bem jogado.

No pôquer, como na vida, quem entende o caos não joga por vaidade. Joga com propósito. E quando os sinais apontam o caminho, você segue. Sem hesitar.

E aí você se pergunta: se é tudo tão caótico, por que alguns vencem uma única vez e outros vencem sempre?

Sorte? Talvez. Mas a verdade é que esses jogadores treinam para perceber o que os outros ignoram. Eles dominam os sinais e, com eles, moldam o jogo.

E é aqui que a Teoria do Caos entra em cena. Ela não é uma celebração da aleatoriedade. Ela é a ciência de enxergar o sutil. E é exatamente isso que este livro traz para a luz do entendimento.

O jogo de Barry Greenstein

Barry Greenstein é um dos jogadores mais respeitados da história do pôquer. Conhecido como o "Robin Hood do pôquer" por doar parte de seus ganhos a instituições de caridade, ficou famoso tanto pelas vitórias em *cash games* de alto nível quanto por sua postura analítica e inabalável. Escreveu o livro *Ace on the River: An Advanced Poker Guide* [*Às no* river: Um guia avançado do poker, em tradução livre], em que trata o pôquer como uma filosofia, mais próxima da vida do que da estatística pura.

Ele talvez nunca tenha citado Lorenz ou mencionado o atrator de borboleta, mas sua forma de jogar se aproxima muito do que a Teoria do Caos descreve: um sistema dinâmico, em constante adaptação, no qual pequenas decisões mudam todo o fluxo da partida.

Greenstein domina três fundamentos que o colocam no mesmo campo das ideias caóticas, mesmo que ele nunca as tenha estudado formalmente. O infográfico a seguir resume esses princípios, que poderiam ter sido escritos por Lorenz se ele jogasse pôquer.

1. **Padrões e imprevisibilidade**
   Jogadores experientes conseguem encontrar padrões sutis nos adversários. Mas os mais estratégicos sabem também quebrar seus próprios padrões para não se tornarem previsíveis.

Greenstein faz exatamente isso: alterna comportamentos, surpreende, desmonta leituras. É caótico aos olhos do oponente.

2. **Adaptação contínua**
   Ele não joga no automático. Cada mesa tem sua dinâmica, cada adversário, seu tempo. A jogada perfeita num torneio pode ser um erro fatal no seguinte. E ele sabe disso. Sua inteligência está em reconhecer o sistema em tempo real e ajustar sua estratégia com base na leitura do ambiente. Exatamente como fazemos ao analisar um sistema caótico que muda conforme o tempo se estende.
3. **Controle da variância**
   Pôquer não é um jogo de certezas. Mesmo o melhor jogador pode perder com um par de ases para um blefe improvável. Greenstein entende isso profundamente. E por isso joga o longo prazo, com distância, disciplina e clareza matemática, que o permitem perder com dignidade e vencer com consistência. Em termos caóticos: ele não tenta eliminar a variância, mas administrá-la.

Fundamentos do jogo de Greenstein

1. **Padrões e imprevisibilidade**
   Ele identifica padrões sutis nos adversários. Mas, ao mesmo tempo, torna-se imprevisível para dificultar ser lido.
2. **Adaptação contínua**
   Ele ajusta sua estratégia com base na dinâmica da mesa, entendendo que não há regras fixas para o sucesso.
3. **Controle da variância**
   Ele utiliza matemática e disciplina para controlar os impactos das oscilações naturais do jogo.

Mais do que um jogador técnico, Barry é um leitor de sistemas humanos. Observa os sinais, oscila entre rigidez e fluidez, e entende — como poucos — que o pôquer é um jogo de decisões sensíveis ao

É aqui que a Teoria do Caos entra em cena. Ela não é uma celebração da aleatoriedade. Ela é a ciência de enxergar o sutil.

contexto. A cada mão, a cada silêncio, um novo ponto de partida. Um sistema em constante transformação.

A aplicação da Teoria do Caos no pôquer

A essa altura, já não parece tão estranho dizer que o pôquer e a Teoria do Caos têm muito em comum. Ambos envolvem sistemas dinâmicos, múltiplas variáveis, imprevisibilidade... e decisões que, uma vez tomadas, alteram todo o jogo. Literalmente.

Então é certo afirmar que é um sistema caótico, logo podemos explorá-lo de maneira mais eficiente. Porque apesar de parecer um jogo de apostas e blefes, o pôquer é, na essência, um sistema de variáveis sensíveis, decisões em tempo real e padrões que só se revelam a quem sabe observar.

E o mais interessante? Esses padrões não estão apenas nas cartas ou nas estatísticas. Estão nos jogadores. Nos gestos, nas pausas, nas oscilações de comportamento, nos mínimos sinais que, somados, podem mudar toda a leitura da partida.

A Teoria do Caos mostra que pequenos fatores podem ter grandes impactos em sistemas dinâmicos. O pôquer, sendo um jogo de informação incompleta, está cheio de situações em que uma decisão mínima pode mudar toda a dinâmica da mesa.

Não se trata de eliminar o caos, isso seria ingenuidade. Trata-se de operar dentro dele. De reconhecer os sinais, antecipar os movimentos e usar a sensibilidade às condições iniciais como vantagem estratégica.

Padrões caóticos e a leitura de oponentes

Sistemas caóticos, por definição, parecem aleatórios, mas escondem padrões. São como labirintos que mudam de forma, mas mantêm uma lógica interna. O pôquer funciona do mesmo jeito.

Na superfície, o jogo parece imprevisível. Jogadores blefando, apostando, foldando, aplicando *value bet* ou tentando um *semi-blefe* no *turn*... uma dança confusa de decisões. Mas para quem sabe observar, há uma coreografia oculta. E é nela que mora a vantagem.

Alguns jogadores seguem padrões tão rígidos que se tornam quase mecânicos. Fazem *cbet* (*continuation bet*) só quando têm mão forte, abrem o mesmo *range* em toda posição, recuam sempre nas mesmas situações, reagem do mesmo jeito a *3-bets*. Esses são os chamados "jogadores automáticos" e previsíveis, mesmo quando tentam não ser.

Por outro lado, há quem crie caos propositalmente. Variando *sizings*, mudando o ritmo, jogando mãos marginais como se fossem *nuts* e mãos fortes como se fossem *trash hands*. É a chamada imprevisibilidade controlada. E, nesse ponto, o jogo fica realmente interessante.

Os melhores jogadores sabem equilibrar os dois mundos: seguem padrões matemáticos e estatísticos, mas injetam variabilidade suficiente para não serem lidos com facilidade. Isso exige controle, autoconsciência e uma leitura refinada do outro. Características de quem opera, mesmo sem perceber, com a lógica do caos.

Ler o jogo, portanto, não é só ler cartas. É ler pessoas. É entender que os sinais estão nos gestos, nos silêncios, nas microrreações que aparecem quando o sistema está sob pressão. E isso vale tanto para a mesa quanto para a vida. Porque se você prestar atenção, vai notar que as pessoas também se repetem e é nas repetições que moram as maiores oportunidades.

A Teoria do Caos e a variância no pôquer

Se há um elemento que conecta o pôquer diretamente à Teoria do Caos, esse elemento é a variância. Um sistema dinâmico, com múltiplas variáveis e condições iniciais um pouco diferentes que podem gerar desfechos completamente opostos.

Mesmo o jogador mais técnico, experiente e focado pode perder um pote gigantesco para um iniciante que acertou dois pares no *river* com 7-2 *offsuit*. Isso não é azar. Isso é o caos fazendo o seu trabalho.

A variância é o lembrete de que, no pôquer — como na vida —, nem sempre a melhor jogada leva à vitória imediata. Você pode fazer tudo certo e ainda assim perder. Mas também pode fazer tudo errado e ganhar. No curto prazo, o caos reina. Mas no longo prazo, é a habilidade que dita o resultado.

Por isso, dominar o pôquer é mais do que aprender *odds*, *pot control* e *range analysis*. É aprender a conviver com a imprevisibilidade sem perder o eixo.

Como se faz isso?

1. **Gestão de Bankroll**
   Não existe leitura perfeita que sobreviva a um *downswing* sem fichas. Ter um caixa robusto é parte da estratégia.
2. **Foco no longo prazo**
   Avaliar seu jogo por um torneio ou uma mão é o mesmo que julgar um filme por uma cena.
3. **Mentalidade antifrágil**
   Você precisa absorver o impacto das perdas sem inclinar (*tiltar*), e ainda usar esses momentos para evoluir. Isso é antifragilidade emocional.

Na mesa, como na teoria, cada pequena decisão pode desdobrar um novo universo. Por isso, não se trata de controlar o caos, mas de reconhecer sua lógica e aprender a operar com ele. Jogar bem é entender que o caos não é o vilão da história. Ele é o cenário. E quem aprende a jogar com o cenário, joga melhor do que quem luta contra ele.

Prever algo não é bruxaria, mágica ou profecia. Prever, de verdade, é intuição aguçada somada à capacidade de ler padrões. É olhar para o que parece um emaranhado de elementos e enxergar um sinal. É conectar as variáveis invisíveis que outros ignoram.

Quanto mais você conhece o seu negócio, o seu time, o seu produto e o seu mercado, mais dados você tem. E quanto mais dados, maior sua capacidade de antecipar o imprevisível. Mesmo em um ambiente caótico, a previsibilidade parcial existe. Mas só para quem sabe observar. E mais: só para quem aceita que a leitura certa não impede o susto, apenas prepara melhor para reagir.

No jogo, prever é entender quando o blefe vem. Na vida, é perceber quando uma decisão aparentemente pequena vai desorganizar todo o resto. Nos negócios, é saber que aquele "sim" fácil demais pode ser o começo de um "não" bem mais caro depois.

A Teoria do Caos nos ensina que os sistemas são sensíveis. E se são sensíveis, quando alterados entregam sinais, mesmo que mínimos, mesmo que escondidos.

Ler esses sinais com consistência não vai garantir que você ganhe sempre, mas vai aumentar exponencialmente suas chances de jogar melhor. E no fim, é disso que se trata: jogar melhor, não se iludir que controla o jogo.

Porque, como diria um velho conhecido das mesas: "A única mão impossível de vencer é aquela que você nem entende que está jogando".

4

Quando o caos vira modelo de gestão

SABE AQUELE ÚLTIMO FURACÃO A MIL QUILÔMETROS DAQUI? POIS É, FUI EU!

QUANDO OLHO PARA A SEQUÊNCIA DE MISSÕES EMPREENDEDORAS que trilhei até aqui — startups construídas pelo propósito, ideias que ganharam o mundo, projetos que desmoronaram e se reinventaram e tantos outros negócios paralelos —, percebo que cada movimento, cada virada e cada pausa me ensinaram algo que nem sempre estava escrito nos manuais.

Aprendi que felicidade não é ausência de problemas, mas a capacidade de atravessá-los sem desmoronar no caminho. Aprendi que riqueza não é somente o saldo da conta, mas o saldo emocional que você carrega quando o caos faz a sua jogada. E aprendi que o verdadeiro poder não está em tentar controlar tudo, mas em silenciar o ruído ao redor e dentro de você.

Com o tempo, com a prática, com as derrotas e reconstruções, fui lapidando essa capacidade de escutar o que importa e ignorar o que distrai. E essa, talvez, tenha sido uma das maiores lições aprendidas até aqui.

Quando essa clareza se instalou, não como um rompante místico, mas como a sensação sólida de que eu finalmente estava no caminho certo, entendi que a próxima transformação não seria sobre o que eu fazia. Seria sobre como eu fazia.

Era hora de mudar a maneira de trabalhar, de estruturar negócios, de construir times. Não seria mais com a arquitetura tradicional das corporações hierárquicas, nem com a ilusão de controle absoluto. Era hora de preparar um sistema que aceitasse a natureza caótica das relações humanas e, ainda assim, conseguisse crescer de forma inteligente.

Era o momento de fazer pequenas alterações que, com o tempo, produziram mudanças importantes.

Enfim, hora de aplicar o que aprendi observando as pessoas, os mercados, as mesas de pôquer e a vida: que no caos, você precisa alterar padrões desde o início, começar um pouco diferente, e seguir mudando aos poucos, até uma grande mudança acontecer como resultado.

Foi assim que o Efeito Borboleta deixou de ser uma metáfora para virar minha estratégia.

O que Edward Lorenz revelou ao estudar o clima nunca mais saiu da minha cabeça: às vezes, uma mudança aparentemente insignificante — um ajuste de rota, um novo talento contratado, um investimento feito ou deixado de lado — cria ondulações que crescem, se cruzam, se amplificam... e definem o futuro.

Em vez de tentar resistir ao imprevisível, a resposta inteligente é preparar o terreno para ele. Criar estruturas que não apenas suportem o caos, mas o incorporem como motor de adaptação e crescimento.

Essa mudança de perspectiva faz toda a diferença. Deixamos de buscar fortificações impenetráveis que cedo ou tarde podem ruir e passamos a construir ecossistemas vivos, resilientes e dinâmicos. A verdadeira questão não é evitar surpresas, é entender que elas são inevitáveis e que um sistema preparado consegue transformar impacto em impulso.

Essa abordagem, que uniu a sensibilidade para os sinais sutis às ferramentas de gestão ágil e descentralizada, não nasceu de teorias puras. Nasceu da prática: de ver negócios florescerem e desabarem, de acompanhar o surgimento de padrões escondidos onde parecia haver apenas aleatoriedade.

Assim como o bater de asas de uma borboleta, cada pequena escolha no presente carrega o poder de moldar futuros inteiros. E é com essa lógica, a das pequenas alterações gerando grandes efeitos, que o conceito do Efeito Borboleta, formulado por Edward Lorenz, volta agora ao centro da nossa conversa.

Por que o nome "Efeito Borboleta"?

Antes de seguirmos aprofundando como o caos pode ser usado na prática, vale fazer uma pequena pausa para lembrar de quão forte é a imagem da borboleta que se tornou símbolo de como o frágil bater de asas pode causar grandes revoluções.

Desde que me deparei pela primeira vez com o conceito do Efeito Borboleta fiquei fascinado. Não apenas pela força poética do termo, mas pela precisão com que ele traduz a essência da Teoria do Caos. A borboleta, aqui, virou mais do que metáfora, tornou-se símbolo. Um lembrete visual constante de que, em sistemas dinâmicos como a vida, os negócios e os mercados, as menores ações podem gerar as maiores transformações.

No início do livro, falamos sobre Edward Lorenz e sua descoberta acidental que mudou a forma como entendemos previsibilidade e sistemas complexos. Mas deixamos de lado, propositalmente, a explicação do nome que se tornaria um dos ícones mais poderosos dessa teoria. Agora, chegou o momento de explorá-lo e entender por que o bater de asas de uma borboleta diz tanto sobre estratégia, decisões e futuros imprevisíveis.

O Efeito Borboleta é mais do que uma aula de ciência: é entender, de uma vez por todas, que nos negócios, nas ideias e na vida, são os detalhes, invisíveis hoje, que constroem os acontecimentos de amanhã.

O surgimento da expressão "Efeito Borboleta"

O termo que hoje povoa tantos livros, filmes e conversas sobre imprevisibilidade nasceu de um contexto bem específico e longe de qualquer intenção literária.

Em 1972, Edward Lorenz, já então um respeitado meteorologista e matemático, apresentou uma palestra com um título provocativo: "Predictability: Does the Flap of a Butterfly's Wings in Brazil Set Off a Tornado in Texas?" [Previsibilidade: O bater das asas de uma borboleta no Brasil pode causar um tornado no Texas?, em tradução livre].

Lorenz queria ilustrar, de forma acessível, o que suas equações já demonstravam matematicamente: em sistemas dinâmicos

O Efeito Borboleta é mais do que uma aula de ciência: é entender, de uma vez por todas, que nos negócios, nas ideias e na vida, são os detalhes, invisíveis hoje, que constroem os acontecimentos de amanhã.

e sensíveis às condições iniciais, uma variação minúscula como o bater de asas de uma borboleta poderia desencadear uma cadeia de eventos tão complexa e interligada que, com o tempo, resultaria em fenômenos grandiosos e imprevisíveis.

Era uma maneira elegante (e brilhantemente visual) de explicar que pequenas ações, imperceptíveis no começo, têm o poder de moldar o destino de sistemas inteiros. Que previsibilidade, quando olhada de perto, é mais uma ilusão confortável do que uma realidade.

O Efeito Borboleta, assim, deixou de ser apenas uma metáfora e passou a ser uma lente para entender o mundo em sua complexidade real. Clima, mercados financeiros, tendências sociais, trajetórias de negócios, tudo se tornou visivelmente mais vulnerável a esses pequenos distúrbios iniciais que, com o tempo, mudam tudo.

Para entender a força real do conceito, vale trazer um exemplo que o mundo contemporâneo viveu e que ainda ecoa nas páginas da história recente.

Em 1989, durante uma coletiva de imprensa, Günter Schabowski, porta-voz do governo da Alemanha Oriental, anunciou de forma inesperada que as restrições de viagem entre o Leste e o Oeste seriam flexibilizadas. Ao ser questionado sobre quando entrariam em vigor, respondeu, hesitante: "Imediatamente, pelo que sei".

Essa frase improvisada, dita sem grandes planos por trás, foi o gatilho para um movimento que nem os mais ousados analistas haviam previsto. Naquela noite, multidões se reuniram nos postos de controle. Diante do volume de pessoas e da falta de orientação oficial, os guardas, sem saber como agir, abriram as fronteiras.

O que se seguiu foi o colapso de uma das maiores divisões ideológicas do século XX. Um pequeno erro de comunicação ou, quem sabe, um simples "bater de asas" mudou para sempre o curso da história.

Essa história, fascinante por si só, nos lembra de que o Efeito Borboleta não é uma abstração distante. Ele se manifesta todos os dias, nos negócios, nas relações e nas decisões que tomamos sem perceber o alcance que podem ter.

Com isso em mente, fica mais claro por que incorporar a Teoria do Caos no jeito de pensar e agir não é apenas uma escolha inteligente, é uma adaptação necessária.

E é exatamente sobre essa adaptação que falaremos a seguir.

O Efeito Borboleta nos negócios: Pequenas decisões, grandes transformações

Se no mundo real o bater das asas de uma borboleta foi capaz de redefinir mapas e reescrever histórias, nos negócios o princípio não é diferente.

A partir de determinado momento, entendi que não se tratava mais de buscar grandes rupturas ou movimentos espetaculares. Tratava-se de construir, deliberadamente, pequenas variáveis estratégicas que, ao se desdobrarem com o tempo, criariam efeitos exponenciais.

Foi nesse raciocínio que repensei como liderar equipes, como estruturar a empresa e como tomar decisões que parecessem quase conflitantes no presente, mas carregassem dentro de si o potencial para transformar o futuro.

Afinal, se Lorenz mostrou que uma pequena perturbação atmosférica poderia gerar um furacão do outro lado do mundo, o que uma mudança aparentemente simples na gestão poderia gerar em um ecossistema empresarial em crescimento?

A resposta foi melhor do que eu esperava e muito mais caótica do que qualquer planejamento poderia antecipar.

E é sobre isso que eu quero falar a partir de agora: como alinhar essa visão na prática, e como pequenos ajustes conscientes fizeram toda a diferença no meu caminho.

Mudando a atitude e a intenção

Transformar uma teoria em prática diária nunca é simples. Compreender conceitos é relativamente fácil — colocá-los para funcionar em sistemas vivos, dinâmicos e repletos de variáveis humanas é onde mora o desafio. Não basta colocar novas palavras na parede da empresa ou desenhar fluxos mais modernos no organograma. A verdadeira transformação, aquela que molda culturas, cria resiliência e constrói resultados exponenciais, começa muito antes: na atitude e na intenção de quem faz parte do sistema.

Ao longo das experiências que compartilhei até aqui, compreendi que não adianta mudar o produto se o modo de agir permanece o mesmo. Não adianta buscar inovação, se a intenção escondida ainda é alcançar os antigos resultados. Pequenas mudanças são o que realmente movimentam o "ar" dentro de uma organização.

É aí que a Teoria do Caos deixa de ser apenas uma analogia bonita e passa a se tornar estratégia viva: mudar a atitude, mudar a intenção e, com isso, mudar o destino da empresa.

Ao aceitar que a imprevisibilidade seria uma constante, entendi que não bastava apenas fazer ajustes pontuais. Era necessário repensar todo o modelo de construção de negócios: desde a liderança até a forma como as equipes se organizavam e respondiam ao ambiente.

Essa constatação ecoava em muitas das referências que estudei ao longo da jornada. Eric Ries, em *A startup enxuta*, já defendia que o sucesso empresarial não era sobre construir a "versão perfeita" de um produto ou de uma estrutura, mas, sim, lançar, testar, adaptar. Estar num ciclo de aprendizado contínuo.

Clayton Christensen, em *O dilema da inovação*, reforça que modelos tradicionais de gestão, por mais eficientes que tenham sido no passado, tendem a sufocar a inovação quando aplicados a contextos de alta mudança.

Já Frederic Laloux, em *Reinventando as organizações*, propôs que as empresas mais resilientes do futuro seriam aquelas que abandonassem hierarquias rígidas, favorecendo a autogestão e a inteligência distribuída.

Todas essas ideias apontavam para o mesmo lugar, não era mais o comando e o controle que sustentariam as organizações no novo mundo. Era a capacidade de se adaptar rapidamente, descentralizar decisões e criar autonomia real nas pontas.

Essa compreensão se conecta profundamente com outro conceito que gosto e estudo: a gestão horizontal, defendida por

Jurgen Appelo. Nele, líderes deixam de ser chefes que controlam tudo e passam a ser facilitadores. Criadores de ambientes onde times possam operar com autonomia, adaptando-se com rapidez às mudanças, exatamente como sistemas vivos e caóticos fazem.

Era o que eu já intuía nas práticas de gestão e agora via reforçado por quem estudava organizações complexas ao redor do mundo.

Eu precisava ver a empresa como um sistema aberto, interdependente e em constante evolução. Um ecossistema dinâmico, não uma máquina hierárquica com engrenagens rígidas.

Essa virada de perspectiva me levou a consolidar um modelo mental que uso como bússola para qualquer novo negócio. Se você quer construir uma empresa preparada para o futuro, precisa integrar abordagens como:

- **Pensamento sistêmico**
  Para enxergar a empresa como um organismo vivo, não como uma máquina;
- **Gestão ágil**
  Para criar times ágeis e responsivos diante do inesperado;
- ***Lean* startup**
  Para testar hipóteses com rapidez e minimizar riscos antes que eles escalem;
- **Gestão horizontal**
  Para distribuir a tomada de decisão para onde o conhecimento realmente acontece;
- **Teoria do Caos**
  Para aceitar a incerteza como parte do jogo e não apenas como um risco a ser eliminado.

Só depois de assimilar essa combinação de forças é que comecei a pensar, de fato, em um novo modelo de estrutura interna para a minha empresa. Não seria mais sobre comandar times, seria sobre criar sistemas que aprendessem e evoluíssem sozinhos.

A primeira “asa da borboleta” que eu precisava bater dentro da minha empresa era a estrutura de gestão.

Transformar uma teoria em prática diária nunca é simples. Compreender conceitos é relativamente fácil — colocá-los para funcionar em sistemas vivos, dinâmicos e repletos de variáveis humanas é onde mora o desafio.

Era hora de construir um modelo em que:

- A autoridade fosse substituída por responsabilidade;
- As decisões fossem tomadas onde o conhecimento está, e não apenas nos andares de cima;
- O erro não fosse punido, mas sim tratado como parte do aprendizado e da adaptação.

Em vez de montar um exército de executores seguindo ordens, eu queria criar uma rede de microincorporações. Pessoas que pensassem e agissem como donos de suas áreas, conectadas entre si, mas livres para tomar decisões.

Esse conceito, que mais tarde batizei de "Mini.inc", ainda era um esboço. Antes de ganhar forma, precisava de raiz. E essa raiz não estava em organogramas diferentes, nem em processos mirabolantes. Estava em algo bem mais profundo: a capacidade de fazer escolhas com consciência, intenção e foco.

Era hora de aprender a cortar o ruído. De sair do piloto automático. De reduzir as promessas e aumentar a presença. Era hora de entender que, se cada pequena ação pode desencadear grandes efeitos, como nos ensinou Lorenz, escolher bem o que fazer (e principalmente o que não fazer) seria o passo mais estratégico de todos.

E foi assim que o conceito do Essencialismo entrou na jogada.

O Essencialismo

Não foi um livro que me apresentou o Essencialismo. Foi o movimento natural de uma trajetória em busca de mais resultado com menos fricção. À medida que minhas decisões começaram a gerar mais impacto, percebi que o que me trazia crescimento não era fazer mais. Era fazer menos e fazer melhor.

O excesso de alternativas pode parecer liberdade, mas muitas vezes é armadilha. Durante anos, minha mente operou em mil abas abertas: ideias promissoras, convites irrecusáveis, tarefas paralelas. Tudo parecia importante. Até que comecei a perceber que aquele modelo disperso, reativo, inflamado pela urgência não era mais compatível com o que eu buscava construir.

Foi aí que o conceito de Essencialismo se revelou como uma filosofia, e não apenas uma técnica de produtividade. Popularizado por Greg McKeown no livro *Essencialismo: A disciplinada busca por menos*, esse modo de pensar parte de uma premissa poderosa: sucesso sustentável não vem de fazer tudo, mas de escolher com intenção aquilo que realmente importa.

E essa escolha não é aleatória. É estratégica. É difícil. E é contínua.

O Essencialismo me ajudou a reduzir o barulho e a tornar a Teoria do Caos algo aplicável ao meu dia a dia. Não para eliminar o imprevisível, mas para projetar, mesmo no caos, caminhos com mais resultado. Como no pôquer, não se trata de ter todas as cartas, mas de saber o que fazer com as que estão na mesa.

Três princípios para operar com Essencialismo

1. **Escolher com intenção**
   Dizer "sim" para tudo é o caminho mais curto para resultados medianos. Aprendi a perguntar: "Isso contribui com o que é realmente essencial?". Nem sempre a resposta é óbvia. Às vezes, vem disfarçada de oportunidade ou urgência. Mas com a prática, o filtro fica mais claro. O que não é prioridade vira distração.
2. **Eliminar o desnecessário**
   Cortar não é perder. É ganhar espaço. Quando parei de aceitar todas as reuniões, participar de todos os projetos e responder a cada mensagem em tempo real, algo mudou. Comecei a respirar. E nesse espaço reencontrei o foco. Ganhei mais energia e clareza.
3. **Executar com excelência**
   Ao escolher menos, sobra margem para fazer melhor. Um conceito simples, mas brutalmente negligenciado no mundo corporativo. Não adianta focar se o resultado é superficial.

O excesso de
alternativas pode
parecer liberdade,
mas muitas vezes
é armadilha.

O "menos, porém melhor" se tornou meu novo critério de entrega, tanto no que exijo de mim quanto no que espero das Mini.incs que compõem meu time.

Aplicar Essencialismo é mudar a cultura, não só a agenda

A grande virada veio quando percebi que o Essencialismo não era só uma prática pessoal. Era também um caminho organizacional. Uma estrutura de empresa que opera sob o caos precisa de gente que saiba filtrar o essencial com autonomia. Gente que compreenda que fazer menos não é ser preguiçoso, é ser estratégico.

E foi exatamente por isso que o próximo passo faria sentido, a criação do modelo Mini.incs. Porque uma empresa construída sobre decisões essenciais, feita por pessoas que sabem dizer "não" com consciência, está muito mais preparada para prosperar mesmo sob condições instáveis.

Mini.incs: Incorporações dentro da incorporação

Quando decidi que minha próxima empresa seria formada por Mini. incs, sabia que estava rompendo com a lógica tradicional das relações de trabalho. E, antes que sugiram, ou julguem precipitadamente, é importante esclarecer: isso não tem nada a ver com terceirização predatória, precarização de direitos ou o fenômeno de *outsourcing* desenfreado que fragiliza trabalhadores em muitos mercados.

O modelo Mini.inc não surgiu para diminuir responsabilidades ou para desonerar a empresa. Surgiu para dar autonomia real a profissionais altamente especializados, para que eles operassem como empreendedores dentro do ecossistema, com liberdade para também atender outros clientes se quisessem, mas encontrando na nossa organização seu maior parceiro e incentivador.

A lógica era simples e poderosa: uma Mini.inc é uma empresa dentro da empresa, mas com identidade própria, capacidade de decisão e responsabilidade sobre os próprios resultados. Elas não executam ordens; elas assumem projetos, desafios e crescimento como donos.

E por que "inc" e não apenas "empreendedor autônomo"?

Porque o sufixo "Inc." (de *Incorporated*) carrega um significado especial nos Estados Unidos e em outras jurisdições: ele indica que a empresa é uma entidade legal separada de seus fundadores, protegida por um escudo jurídico próprio. Já "Corp." (de *Corporation*) também representa essa separação, mas com ênfase mais forte na estrutura e nas obrigações formais.

- **Inc.** foca no processo de constituição, a formalização de uma nova entidade viva e independente.
- **Corp.** reforça o aspecto organizacional, a máquina corporativa em si.

No nosso caso, Mini.inc expressa o nascimento de unidades ágeis, autônomas, adaptativas, formalmente estabelecidas, que respiram a mesma visão da empresa principal, mas crescem, inovam e entregam com autonomia, como parte de um organismo maior.

Essa abordagem tem outra grande vantagem: enquanto em empresas tradicionais cada colaborador tende a focar apenas no próprio cargo, em um modelo de Mini.incs o olhar é sistêmico. Cada Mini.inc entende que o sucesso do seu projeto impacta o sistema inteiro, porque ele é parte ativa e responsável desse todo.

Esses "microempreendedores internos" não são pressionados a se limitar. Pelo contrário, são incentivados a pensar estrategicamente, inovar, gerir seu próprio tempo e buscar a excelência como se a empresa toda dependesse de sua entrega, porque, de certa forma, depende.

Assim, o que se criou foi uma rede de inteligência distribuída, sem abrir mão da cultura, da coesão e da confiança que só organizações verdadeiramente sólidas conseguem cultivar.

Em vez de gerar distanciamento, as Mini.incs geraram pertencimento. Em vez de fragmentar, potencializaram.

Implantando o caos criativo

Colocar as Mini.incs para funcionar foi, como todo sistema caótico, um processo de adaptação constante.

No início, havia entusiasmo. Tanto meu quanto das pessoas que compraram a ideia de serem donas do próprio destino dentro da estrutura. Mas também havia algo que aprendi da forma mais prática possível: nem todo mundo está preparado para a autonomia que pede responsabilidade real.

Alguns profissionais brilhantes, técnicos impecáveis, simplesmente não conseguiam lidar com o espaço de liberdade. Eram condicionados a esperar ordens, procedimentos, processos rígidos. Quando a orientação passou a vir de dentro — baseada em iniciativa, colaboração voluntária e corresponsabilidade —, muitos se afastaram ou se perderam nesse novo contexto. Outros resistiram. Alguns simplesmente preferiram voltar para ambientes mais previsíveis.

Cometi erros também. Insisti em alguns casos, tentando "ensinar" autonomia para quem, no fundo, não queria mudar. E aprendi: liberdade não se ensina, se oferece. E quem quiser, caminha junto. Quem não quiser, segue outro caminho e tudo bem.

Outro aprendizado importante foi perceber que, nesse modelo, a remuneração precisa refletir a expectativa de resultado. A relação entre a empresa principal e suas Mini.incs não pode ser pautada pela lógica do "pagar o mínimo para extrair o máximo". Pelo contrário: se você quer construir alianças leais, times de alta performance e independência de verdade, precisa reconhecer e remunerar o valor que essas pequenas estruturas trazem. Alta expectativa exige alta contrapartida.

É um investimento, mas o retorno vem. E vem na forma mais sólida que uma empresa pode desejar: dedicação genuína, inovação espontânea e a segurança de saber que você não está carregando a empresa sozinho.

Outro ponto fundamental foi entender que, para as Mini.incs realmente colaborarem entre si, era preciso comunicação constante. Não bastava cada unidade cuidar do seu espaço. Para que o sistema funcionasse como um organismo, era necessário criar rituais, espaços e momentos em que cada Mini.inc pudesse ver o todo, entender as dinâmicas macro e contribuir, quando quisesse, para projetos além do seu quadrado.

Mas também era preciso respeitar. Em alguns casos, a Mini. inc escolhia não participar de um projeto. E isso não podia ser visto como traição ou deslealdade. Era apenas parte da liberdade que o modelo prometia e precisava honrar.

Construir esse novo jeito de operar exigiu abertura, paciência e disposição de abraçar a incerteza. Foi, em si, um exercício de viver o que a Teoria do Caos ensina: aceitar a imprevisibilidade e, ainda assim, construir dentro dela.

Como disse Peter Drucker, um dos grandes pensadores da gestão moderna: "A melhor maneira de prever o futuro é criá-lo".

E é exatamente isso que estamos fazendo: criando, todos os dias, um futuro novo, nas asas silenciosas de pequenas, mas poderosas, decisões.

5

Você é o que você faz

ME DESCULPE, PROFESSOR, MAS ACABOU DE DAR UM ERRO INESPERADO NO SEU PROGRAMA DE "TEORIA DO CAOS"

VOCÊ JÁ DEVE TER OUVIDO ESSA FRASE ANTES, EM ALGUM LIVRO de não ficção, talvez em uma palestra motivacional ou até no feed do LinkedIn em forma de frase de efeito. Mas aqui ela não é slogan, é diagnóstico.

Na minha trajetória, percebi que o que eu faço e repito, conscientemente ou inconscientemente, constrói quem eu sou. E mais do que isso, amplifica os sinais do caos.

É comum acreditarmos que somos definidos pelas nossas intenções, pelas ideias que cultivamos em silêncio ou pelo que planejamos fazer no futuro.

Mas a verdade é mais crua. A vida devolve não o que pensamos, mas o que fazemos com consistência.

Comecei a entender isso nos momentos em que tudo desandou. Quando os planos não alcançaram o sucesso esperado, os parceiros foram embora ou os resultados financeiros não vieram. Foi ali, no caos cotidiano de um empreendedor, que as pequenas ações ou omissões ganharam peso.

Assim como nos sistemas complexos da natureza, a forma como você organiza a sua vida pode definir o curso dos acontecimentos. Eu, por exemplo, durante muito tempo fui daqueles que acreditava que tudo se misturava. Que a paixão pelo trabalho justificava carregar problemas profissionais para dentro de casa, e que o comprometimento da paz da vida pessoal e familiar seria compensado pela promessa de ganho futuro.

É comum acreditarmos
que somos definidos
pelas nossas intenções,
pelas ideias que
cultivamos em silêncio
ou pelo que planejamos
fazer no futuro. Mas a
verdade é mais crua.
A vida devolve não
o que pensamos,
mas o que fazemos
com consistência.

Mas aos poucos, percebi que esse cruzamento constante de fronteiras não apenas turvava minhas decisões, como também gerava um ruído difícil de silenciar. Foi quando comecei a adotar uma mudança sutil e definir com clareza o papel de cada espaço. A casa como lugar de descanso e criatividade (o ócio criativo). O trabalho como território de foco, entrega e resultados. Parece óbvio, mas separar essas esferas foi uma das atitudes mais transformadoras que tomei.

Claro que há exceções. Para mim, algumas criações nascem e são melhor executadas no silêncio ou na madrugada. Eu mantenho um espaço criativo em casa, com meus equipamentos, meus livros e uma decoração que me inspira. Mas isso é diferente de levar os problemas do escritório para a mesa do jantar. Criar essa fronteira saudável foi essencial para preservar não só minha sanidade, mas também minha clareza nas decisões.

E é aí que a Teoria do Caos volta à cena. Pequenas atitudes como estabelecer limites, escolher prioridades e criar padrões funcionam como o Atrator de Lorenz. Ainda que o movimento pareça estável no início, as variações discretas se acumulam. E mesmo operando dentro de um espaço limitado, essas interferências são capazes de produzir transformações significativas com o tempo.

Por isso, antes de falar de mindset ou de positividade, eu precisei encarar um ponto de virada essencial nos meus hábitos e nas minhas escolhas diárias que estavam plantando o futuro. E esse futuro, como já vimos nos capítulos anteriores, se move como um sistema caótico, sensível, interligado, mas passível de um certo grau de previsibilidade quando se abre espaço para o caos.

Neste capítulo, vamos olhar para essa dinâmica. Não como uma teoria distante, mas como algo que você pode reconhecer no seu cotidiano e transformar, uma ação de cada vez.

Existencialismo: Você se torna aquilo que faz

A essa altura já está claro que somos definidos pelo que fazemos. E num sistema caótico como a vida real, as menores ações, aquelas que ninguém vê acontecendo, têm mais impacto do que qualquer grande intenção não praticada. Muito além do título no LinkedIn, é o seu comportamento que diz quem você é e para onde está indo.

Quem apoia esse pensamento é a filosofia existencialista, especialmente na obra de Jean-Paul Sartre. Ele nos oferece uma lente poderosa para observar essa relação entre ação e identidade. Para Sartre, "a existência precede a essência", ou seja, não nascemos prontos, nem com um propósito fixado, nós nos tornamos alguém com identidade própria. E esse tornar-se não acontece em silêncio, acontece na prática, nas escolhas que fazemos todos os dias. Se alguém se diz músico, mas nunca compôs, nunca subiu ao palco, nunca se expôs ao julgamento de uma plateia, talvez não seja um músico de fato. No Existencialismo, o "ser" exige presença e ação.

Essa noção de que somos aquilo que fazemos deixou de ser abstrata para mim quando encarei uma verdade incômoda. Embora tenha me formado na área e trabalhado junto a uma editora por muito tempo, fazia anos que eu não escrevia um livro. Por mais que tivesse títulos e projetos publicados no passado, havia perdido o hábito, o ofício e, com ele, a permissão interna de me apresentar como escritor. Foi só quando voltei a escrever com intenção e com entregas, que reencontrei essa parte de mim e organizei minha rotina para que fluísse de forma consistente. Escrever deixou de ser um título no currículo e voltou a ser uma prática com propósito. E aí, sim, eu pude me reconhecer escritor novamente, não porque dizia que era escritor, mas porque escrevo.

Foi como Neo, em *Matrix*, antes de aceitar que era "O Escolhido". Ele já carregava dentro de si todas as habilidades, todo o código, mas enquanto não agiu como tal, sua identidade ficou suspensa. Não era uma questão de potencial, mas de escolha ativa.

Nesse ponto, a ideia de que "você é o que você faz" deixa de ser filosofia abstrata e vira responsabilidade na prática. Resumindo a essência do conceito em: ou você age ou permanece invisível até para si mesmo.

Essa é uma ideia que atravessa gerações e diversas escolas de pensamento. A frase que dá título a este capítulo ecoa uma verdade já defendida por grandes nomes da filosofia, da psicologia e da ciência do comportamento. E cada um deles lança luz sobre um aspecto importante dessa mesma lógica. Trago aqui mais dois exemplos que colaboram com a importância da ação.

Behaviorismo: Você é seu comportamento observado

No Behaviorismo, a lente muda um pouco, o ser vai além da ação planejada e da imagem trabalhada. Nele, você é definido pelos seus comportamentos observáveis, mensuráveis e repetidos. Não importa se você diz que é disciplinado, o que importa é se você age com disciplina e responde da mesma maneira aos impulsos. Esse conceito é especialmente relevante para a Teoria do Caos, porque ele trata o sistema como algo que reage a estímulos e hábitos. Pequenas decisões, pequenos gestos acumulados no tempo, mudam o seu percurso mesmo que você não perceba.

Aristóteles: Você é aquilo que pratica repetidamente

Séculos antes de Sartre ou dos behavioristas, Aristóteles já havia resumido a ideia com uma frase poderosa: "Nós somos o que repetidamente fazemos. A excelência, portanto, não é um feito, mas um hábito".

Para o filósofo grego, virtude não é uma qualidade estática, e sim uma construção ativa. Você não nasce corajoso, disciplinado, criativo ou resiliente. Você se torna isso ao escolher esse caminho, dia após dia.

Esse pensamento é especialmente importante no mundo dos negócios. Muita gente busca resultados extraordinários, mas não constrói a rotina que os sustentam. Querem excelência, mas sem prática consistente. E o caos, como sabemos, não perdoa incoerências. Ele amplifica tudo, inclusive os resultados bons ou ruins, que se tornam hábitos.

Mas e se o que se pratica com frequência for invisível aos olhos dos outros? E se antes da ação existir um ensaio mental silencioso, com intenção, que prepara o terreno para tudo que vem depois?

É aí que surge uma visão complementar e igualmente transformadora. Moldar pensamentos também é agir, especialmente quando esse pensamento se repete, se estrutura e começa a guiar nossas escolhas, rotinas e, no fim, quem somos.

Psicologia Cognitiva: Quando pensar também é fazer

Ao contrário de correntes como o Existencialismo de Sartre ou o Behaviorismo, que colocam a ação no centro da identidade, a Psicologia Cognitiva reconhece que o pensamento também molda quem somos. Não é que o pensamento substitui a ação, mas, nesse caso, ele é parte determinante do processo.

A ciência da neuroplasticidade comprovou que nossos cérebros reconfiguram suas conexões com base na repetição de certos pensamentos. Em outras palavras, pensar de maneira recorrente também é um tipo de prática, com resultado sutil aos olhos, mas que ainda assim participa da mudança.

Um empreendedor que, dia após dia, enfrenta os desafios com uma mentalidade de aprendizado, vai aos poucos construindo caminhos mentais de resiliência e adaptação. Ao mesmo tempo, alguém que alimenta constantemente o medo do fracasso começa, mesmo sem perceber, a tomar decisões mais defensivas, a se sabotar, a reduzir seu próprio alcance.

O cérebro aprende com o que é recorrente e responde com aquilo que foi reforçado. É por isso que os pensamentos não são neutros: com o tempo, eles se tornam parte da identidade que você veste. A maneira como você pensa, de forma contínua e não apenas pontual, influencia diretamente no que você faz e, portanto, quem você se torna.

Essa conexão entre pensamento recorrente e identidade ficou ainda mais clara para mim em um dos momentos mais delicados da minha jornada empreendedora.

Quando o projeto em que atuava como CMO foi dissolvido repentinamente — e com ele também meu cargo e minha remuneração —, eu me vi em uma cidade que não era a minha, com um custo

O cérebro aprende com
o que é recorrente e
responde com aquilo que
foi reforçado. É por isso
que os pensamentos
não são neutros.

de vida que não conversava mais com o novo cenário. Era o tipo de mudança que convida ao desespero. E ele veio. Mas só por instantes.

Lembrei que sou uma pessoa genuinamente positiva, então toda vez que minha mente começava a entrar em looping e alimentava pensamentos de escassez e medo do amanhã, eu respirava fundo e fazia um exercício intencional. Listava mentalmente algumas das várias experiências que havia vivido ali e agradecia as conexões feitas, os aprendizados acelerados, as ideias colocadas em prática. E mais do que isso, criava imagens ou sonhava acordado com o que ainda não existia, mas que eu já sentia como possível. Eu me via em movimento e com os problemas resolvidos, construindo algo novo mais uma vez.

Coincidência? Sorte? Caos? Talvez tudo isso. Mas teve treino e intenção. Um treino invisível, mas consistente. E tenho certeza de que foi isso que me permitiu enxergar as oportunidades certas, construir a estratégia seguinte e dar o próximo passo, que mais tarde me levaria até o Vale do Silício.

E é por isso que, ao lado de Sartre, Aristóteles e Skinner, eu incluo também os neurocientistas que estudam como o pensamento recorrente altera o cérebro e a realidade ao nosso redor.

Agora, antes de seguirmos, se você é do tipo que torce o nariz aos temas correlatos à Lei da Atração, já se prepare para pular o capítulo e está tudo bem. Pode ir direto para o próximo, em que voltamos aos fundamentos clássicos e às conexões mais científicas.

Mas te garanto que aqui não vamos falar de pensamento mágico, nem de manifestar iates com o poder da mente. Vamos falar de postura mental, de intenção ativa, de comportamento repetido que gera padrão, e como isso se conecta diretamente ao que a ciência já entende como sensibilidade às condições iniciais.

Eu entendo quem desconfia. Também sou cético com tudo que tenta explicar o mundo com um "pense positivo e o universo conspira". Mas, ao mesmo tempo, fui aprendendo pela prática que a forma como você pensa influencia a forma como você age, e que essa ação é, muitas vezes, o início de uma reação em cadeia.

E aí estamos de volta à nossa borboleta. Se a Lei da Atração fala da força dos pensamentos, a Teoria do Caos mostra o impacto das pequenas alterações. E juntas, elas buscam explicar por que uma simples atitude pode mudar completamente os resultados.

Lei da Atração e Teoria do Caos: Quando pensamento vira movimento

O que aconteceu naquele período não foi apenas sorte ou mágica. Foi o resultado de pequenos ajustes internos modulando meu estado mental, até alcançar decisões conscientes e uma escolha repetida de manter o foco no que importava.

Com a lente da Teoria do Caos, entendi que essas microações mentais foram as primeiras batidas de asa que mudaram o rumo da história.

A psicologia positiva e a Lei da Atração partem da ideia de que nossos pensamentos moldam nossa realidade. Já a Teoria do Caos mostra que pequenas mudanças nas condições iniciais podem causar efeitos amplificados e imprevisíveis com o tempo.

No cruzamento desses dois conceitos, surge algo poderoso: a consciência de que cada pensamento com direcionamento e cada atitude pode ser a batida de asa de um novo acontecimento, criando ondas que alteram o futuro de formas que você talvez jamais consiga prever, mas pode influenciar.

Na prática, o pensamento positivo não tem o poder místico de controlar o universo, mas ele afeta como você age, como você reage e, por consequência, o que você colhe. Uma postura mais aberta, receptiva e confiante, ativa o que chamo de "preparação para o possível". E quando você está preparado emocional e estrategicamente até os erros podem virar alavancas.

Pense nisso como uma engrenagem delicada:

Um pensamento positivo → Gera uma microdecisão mais leve → Que se traduz em uma ação mais segura → Que reverbera em outra pessoa → E essa pessoa toma uma decisão que muda tudo.

Esse é o verdadeiro Efeito Borboleta que somos capazes de acompanhar sem explicações elaboradas ou fórmulas matemáticas e que leva a um entendimento simples.

Não é sobre mágica. É sobre postura. Não é sobre prever. É sobre preparar.

No fim, o caos não é um monstro desgovernado, ele é um sistema dinâmico, e quando sua mente aprende a operar com clareza dentro dele, você começa a perceber algo incrível. As variáveis não desaparecem, mas passam a dançar ao seu favor, não porque todas atendem ao seu desejo, mas porque você aprendeu rapidamente a alcançar o ritmo.

Sabe que caos se reorganiza primeiro na mente e depois nas atitudes, e agora... nos algoritmos.

Até aqui, exploramos o invisível. Comportamento, identidade, mentalidade e escolhas. Mas à medida que o mundo avança, não são apenas os seres humanos que operam com base em padrões, ruídos e sinais.

Sistemas de Inteligência Artificial já estão transformando o jeito como vivemos, trabalhamos e decidimos. E se a Teoria do Caos nos ensinou que pequenos desvios produzem grandes impactos, imagine o que acontece quando esses desvios são processados por máquinas que aprendem e evoluem sozinhas.

Enfim, chegou a hora de entrar no código. De olhar para o caos não apenas como metáfora de vida, mas como fundamento técnico, presente nas engrenagens invisíveis que movem o mundo digital.

O próximo passo da jornada é entender como a imprevisibilidade se traduz em algoritmos e por que isso pode ser a chave para navegar (ou se perder) na era da inteligência artificial.

6

Quando o caos joga os dados

INSTITUTO DE PESQUISA DE TEORIA DO CAOS
RETIRE UMA SENHA
ALEATÓRIA PARA SER ATENDIDO
127

SE VOCÊ JÁ TENTOU GANHAR NA LOTERIA, ACERTAR UM BOLÃO COM os amigos ou mesmo cravar um placar numa aposta esportiva, já entendeu que sorte parece uma criatura caprichosa. Mas e se eu te dissesse que por trás dessa aparente aleatoriedade existem padrões instáveis, temporários e quase invisíveis que podem, em raros casos, ser lidos como se fossem sinais do caos?

Sim, estamos falando de jogos de azar. Mas este capítulo não é um guia para enriquecer apostando. É mais uma lente que o caos joga sobre outro tema. Uma forma de olhar para o imprevisível e perceber que ele se infiltra até nos sistemas supostamente aleatórios.

Afinal, o que diferencia um simples chute de uma jogada estratégica? O que torna um apostador um vencedor frequente mesmo em jogos projetados para serem imprevisíveis?

A resposta, talvez, esteja no que vimos nos capítulos anteriores: a sensibilidade às condições iniciais. Porque mesmo os sistemas mais caóticos ou justamente eles, reagem inevitavelmente a pequenas alterações. E, nos jogos de azar, uma percepção sutil, uma leitura precisa ou uma probabilidade não testada podem transformar um acaso em padrão. Ainda que passageiro.

Neste capítulo, não vamos tentar domar a aleatoriedade. Mas entender como o caos, quando combinado com atenção, matemática e timing, às vezes pode fazer o inesperado parecer sorte.

Quando pensamos em jogos de azar, a loteria é o mais popular, afinal basta escolher seis números entre apenas sessenta possibilidades (existem outros modelos de jogos, mas vamos basear nossa conversa nesse). A lógica parece simples. Apesar de ser tudo aleatório, o espaço é delimitado e pequeno. Entendemos que a cada sorteio, "bolinhas giram", os números são puxados, e o resultado é sempre imprevisível. Mas aqui está o paradoxo, mesmo num sistema projetado para ser caótico, a mente humana busca padrões.

E, às vezes, encontra.

Em termos matemáticos, a chance de acertar seis números entre sessenta é de 1 em 50 063 860. Isso dá algo em torno de 0,000002%. Estatisticamente, é uma aposta perdida. Mas, ainda assim, todas as semanas milhões de pessoas jogam e algumas ganham.

Será só sorte?

A Teoria do Caos propõe que mesmo sistemas aparentemente aleatórios podem conter estruturas ocultas. Sistemas caóticos não são o mesmo que sistemas puramente randômicos, eles seguem padrões sensíveis às condições iniciais. Pequenas variações quase imperceptíveis podem alterar todo o desfecho. E isso se aplica, em certa medida, até mesmo nos bastidores dos jogos de azar.

Cassinos e loterias utilizam geradores de números aleatórios, os RNG (*Random Number Generation*), que podem ser mecânicos ou digitais. Mas qualquer desvio mínimo seja no peso de uma bolinha, num algoritmo mal calibrado ou no *delay* inesperado de um sistema pode criar tendências temporárias. Minúsculas, transitórias, mas reais. E onde há padrão, ainda que efêmero, há chance de leitura.

É claro que não estamos falando de fraudes nem de truques místicos. Estamos falando de percepção, observação e tempo de resposta. Os sistemas até são programados para evitar padrões, mas quando eles surgem, por uma desatualização, por exemplo, uma brecha é aberta ao caos, e o jogador atento pode enxergar antes que desapareçam.

O caos não está trabalhando para te garantir vitórias. Mas ele pode gerar janelas de oportunidade.

Padrões ocultos na aleatoriedade

A promessa da loteria é simples, aleatoriedade absoluta. Cada número tem exatamente a mesma chance de ser sorteado. Cada bolinha tem a mesma forma e peso. Cada sorteio é uma nova história e sem influência do que veio antes.

Mas será mesmo?

Na prática, sorteios físicos estão sujeitos a pequenas imperfeições. Uma bolinha pode ter uma leve diferença de densidade, uma ranhura que opera um desvio milimétrico no movimento de ar, um impacto a mais no tambor. São variações mínimas, quase desprezíveis. Mas, como já vimos, é justamente aí que o caos se esconde.

Já nos sistemas digitais, os famosos RNG, o jogo muda de forma, mas não de essência. Mesmo com algoritmos bem programados, nenhum sistema é totalmente imune a bugs, padrões de repetição ou falhas humanas no código e na sua manutenção. Em teoria, tudo é aleatório. Mas na realidade, às vezes, os desvios são inevitáveis.

E aqui entra a provocação central da Teoria do Caos:

Sistemas caóticos não são desordenados. São dinâmicos e sensíveis demais aos seus pontos de partida, o que os torna imprevisíveis para quem não está atento aos sinais. Mas quando você aprende a observar essas pequenas variações, é possível antecipar tendências, criar estratégias mais inteligentes e tomar decisões com mais consciência, mesmo no meio do caos.

Na loteria, esses pontos de partida são os detalhes técnicos como a calibragem do tambor, o intervalo entre os sorteios, o algoritmo rodando por trás de um site ou de uma máquina de apostas. São fatores que deveriam ser neutros, mas podem não ser.

Isso significa que dá para prever o resultado de um sorteio? Não. Mas significa que, ocasionalmente, o acaso deixa rastros.

Jogadores experientes (ou obsessivos) às vezes percebem microtendências. Números que parecem sair mais que outros por curtos períodos. Não é suficiente para garantir uma vitória, mas suficiente para despertar uma pergunta legítima: e se o caos estiver deixando pistas?

O que diz a matemática?

Mesmo que a promessa dos jogos de azar seja a aleatoriedade absoluta, a matemática reconhece que padrões podem emergir, ainda que temporariamente.

A Lei dos Grandes Números é um dos fundamentos da estatística. Ela afirma que, quanto maior o número de sorteios, mais os resultados se aproximam da média esperada. Traduzindo para a loteria: em poucos sorteios, o número 17 pode nunca aparecer, enquanto o 42 se repete com frequência "anormal". Mas em milhares de sorteios, todos os números tendem a se equilibrar. A aleatoriedade, portanto, se organiza no longo prazo.

A Regra do Agrupamento, por outro lado, explica um fenômeno típico de sistemas aleatórios: a tendência de certos números ou eventos aparecerem agrupados em curtos intervalos de tempo. Mesmo quando todos os elementos têm probabilidades iguais, o acaso pode produzir sequências que "parecem" padrões, como o mesmo número sair três vezes em uma semana. Esse agrupamento é matematicamente possível e até esperado em determinadas distribuições estatísticas. O problema surge quando tratamos esses agrupamentos temporários como padrões fixos ou previsíveis. Eles são flutuações normais dentro da aleatoriedade, e não sinais de um sistema quebrado.

Esses padrões surgem, mas somem.

São ecos momentâneos, não leis estruturadas. Aparecem por um tempo, seduzem com promessas de ordem e desaparecem. E o caos, como sempre, dança entre os dois.

Essa lógica da variância, ou da oscilação estatística no curto prazo, também aparece em contextos como o esporte ou os jogos de habilidade. Um atleta pode viver uma sequência iluminada e muitos vão chamar isso de sorte. Mas, estatisticamente, isso pode ser apenas um pico em um ciclo maior.

Mas atenção! Isso não significa que todos os sistemas que oscilam são puramente aleatórios. O mercado financeiro, por exemplo, é altamente influenciado por decisões humanas, tecnologia, política e padrões de comportamento coletivo. Ter sucesso nos seus investimentos em bolsa de valores não se trata de sorte,

Neste capítulo, não vamos tentar domar a aleatoriedade. Mas entender como o caos, quando combinado com atenção, matemática e timing, às vezes pode fazer o inesperado parecer sorte.

mas de muita leitura, timing e percepção de padrões. Justamente por isso, é um dos terrenos onde a Teoria do Caos se aplica com ainda mais força e onde padrões gráficos, se bem observados, viram oportunidades.

Entender essa dinâmica é o que separa o impulsivo do estratégico. O apostador que corre atrás de padrões ilusórios daquele que compreende até os padrões passageiros, e o verdadeiro jogo é saber o que fazer quando eles mudam.

Estratégias: Padrão ou ilusão?

Se a loteria é caótica e aleatória, há alguma forma de ganhar vantagem? A resposta honesta é não para prever com certeza, mas sim para posicionar-se melhor diante da aleatoriedade. Aqui entram as chamadas estratégias probabilísticas, que não mudam a aleatoriedade dos sorteios, mas podem mudar o que você faz com ela.

Frequência não é destino

Algumas pessoas estudam quais números saíram mais vezes nos últimos sorteios. Apostam que o "número quente" vai continuar quente ou o "atrasado" vai ter que sair uma hora. Ambas as lógicas têm fundamento emocional, mas pouca sustentação estatística. Cada sorteio é independente. A probabilidade do número 17 sair hoje é a mesma, tenha aparecido ontem ou não aparecido há cem sorteios.

Mas isso impede as pessoas de tentar a sorte com essas estratégias? Nem de longe.

Em Missouri, nos Estados Unidos, um grupo de funcionários de uma fábrica fez história (e manchetes) quando venceu um prêmio milionário em um bolão. Eles usaram como base um sistema próprio de estatísticas com números recorrentes. Embora não haja comprovação de que o método aumentou suas chances reais, o fato é que eles ganharam e dividiram o prêmio entre dezenas de pessoas.

Ceticamente podemos dizer que não foi a frequência que os fez ganhar, mas sim a escolha coletiva de tentar. Sim, mas não podemos negar que teve uma estratégia vencedora.

Evite o óbvio para não dividir o prêmio

Essa ideia não é para aumentar sua chance de acerto, mas sim para aumentar sua chance de não dividir o prêmio. Como muitos apostadores escolhem datas de aniversário, sequências simples (como 1-2-3-4-5-6) ou combinações "de sorte" populares, isso faz com que, em caso de acerto, o prêmio seja dividido com um número maior de pessoas. Ou seja, o esforço pode até ser o mesmo, mas o lucro cai.

Essa estratégia ganhou manchetes quando, em 2020, na África do Sul, a sequência 5-6-7-8-9 com PowerBall 10 foi sorteada. O resultado gerou vinte ganhadores principais e mais de setenta prêmios secundários. A suspeita de fraude se espalhou rapidamente. Mas uma investigação confirmou que foi pura casualidade. Só que um acaso, previsivelmente compartilhado.

Por isso, escolher números menos populares não aumenta suas chances de ganhar, mas aumenta muito suas chances de levar o prêmio inteiro, se ganhar.

Estratégia não é previsão, é posicionamento

A melhor estratégia em sistemas caóticos talvez não seja "prever o que vem", mas se posicionar de forma inteligente diante das possibilidades. Aqui entra o caso mais lendário, o de Stefan Mandel, um economista romeno que venceu na loteria catorze vezes. Ele não tinha premonições, tinha conhecimento em matemática.

Mandel analisava loterias com combinações pequenas e prêmios altos. Quando a conta fechava, ele comprava todas as combinações possíveis com a ajuda de investidores e levava não apenas o prêmio principal, mas dezenas ou centenas de prêmios menores. Seu maior feito foi nos Estados Unidos, na loteria da Virgínia, onde ele e seu grupo venceram um prêmio de 27 milhões de dólares. Isso causou severas mudanças no sistema, e hoje a maioria das loterias ajustaram suas regras justamente para evitar estratégias como essa. Mas a lição permanece! Não é sobre prever, é sobre ler o sistema, saber quando ele permite uma vantagem e estar pronto para agir.

Não é sobre prever,
é sobre ler o sistema,
saber quando ele
permite uma vantagem
e estar pronto para agir.

Lembre-se, padrões podem surgir, mas são temporários. Estratégias podem funcionar, mas não garantem o prêmio. A melhor abordagem, então, talvez não seja buscar controle absoluto e sim posicionar-se com mais método e agilidade diante do caos.

Dá para "quebrar" a loteria?

Depende do que você chama de "quebrar".

O que vimos até aqui mostra que, embora o acaso reine soberano nos jogos de sorte, ele não é uma entidade absoluta. É possível se posicionar melhor, tomar decisões mais inteligentes, evitar armadilhas estatísticas e, em raros casos, explorar falhas do sistema. Mas não há garantia, fórmula mágica ou algoritmo secreto capaz de transformar a loteria em plano de carreira.

Mesmo casos extraordinários, como o de Joan Ginther, que venceu quatro loterias no Texas e acumulou mais de 20 milhões de dólares, ou Richard Lustig, que ganhou sete vezes entre 1993 e 2010, são mais exceções do que evidências de um método replicável. Ambos estudaram padrões, refinaram estratégias, investiram tempo em observar desvios, e talvez tenham captado algo que os demais ignoraram. O que se repete nesses casos não é uma fórmula mágica. É o olhar treinado para o inesperado. É a atenção extrema às pequenas falhas, aos micropadrões, aos rastros do caos.

Esse tipo de percepção, aliás, aparece em todos os lugares do mundo. No Brasil, por exemplo, o jogo do bicho, criado no final do século XIX como uma loteria promocional para atrair visitantes ao zoológico do Barão de Drummond, no Rio de Janeiro, sobrevive até hoje à margem da legalidade, sustentado por uma cultura popular que insiste em ver padrões onde só deveria haver sorte. Muita gente afirma sonhar com animais que indicariam os números para jogar. Outros juram por ciclos, sinais ou presságios. É uma combinação de misticismo, estatística caseira e, claro, caos. E mesmo sendo tecnicamente ilegal, movimenta bilhões e sustenta uma rede de apostas com uma organização complexa e de alcance nacional.

Já na Europa, os exemplos ganham outras cores. A EuroMillions, uma das loterias mais populares do continente, teve ganhadores múltiplos no Reino Unido que, segundo reportagens, aplicavam modelos de exclusão combinatória, evitando repetições óbvias e apostando em sequências raras. Há relatos de apostadores franceses que montam mapas visuais de calor com base em sorteios anteriores, acreditando que certos números "aquecem" e outros "esfriam". Pode parecer superstição com roupagem científica, mas a motivação é a mesma, sempre a de tentar encontrar lógica no caos.

E aí está o ponto comum entre todos os exemplos, da americana milionária à banca do subúrbio carioca, do matemático inglês ao supersticioso francês, não se trata de dominar o acaso, mas de observar onde ele pode estar se repetindo disfarçado.

E isso nos leva a uma conclusão importante: no caos, padrões existem, mas não duram. As estratégias funcionam até pararem de funcionar. E a única variável que está, de fato, sob seu controle é você mesmo.

É sua mente que observa e que interpreta. Que age ou recua diante de uma percepção. É ela que filtra sinais, que dá sentido ao ruído. Agora é hora de olhar para o sistema mais complexo de todos, a mente humana.

Porque se o caos externo já parece desafiador, imagine quando ele se encontra com os labirintos internos da consciência. Como tomamos decisões? O que molda nossas percepções? Por que acreditamos em certos padrões, mesmo quando eles não existem? Prepare-se. O próximo capítulo desce mais fundo. Não nas probabilidades. Mas nas possibilidades.

7

A mente humana e a matrix

SIMULAÇÃO
COMPUTADORIZADA
NOS PRÓXIMOS 2KM

A MENTE HUMANA É UM UNIVERSO CAÓTICO E MARAVILHOSO, E talvez um dos fenômenos mais complexos da existência. Ela é um sistema dinâmico, em que bilhões de processos ocorrem simultaneamente, criando pensamentos, memórias, emoções, percepções e consciência.

Assim como na Teoria do Caos, a mente não é aleatória e é extremamente sensível às condições iniciais. Pequenos estímulos, experiências ou palavras podem desencadear mudanças no comportamento, nas crenças e nas decisões. Quem aprende a reconhecer esse padrão e navegar entre seus altos e baixos, ganha não apenas autoconsciência, mas uma vantagem estratégica.

O Efeito Borboleta e os caminhos da mente

Se um elogio sincero recebido na infância pode impulsionar uma carreira criativa, uma crítica mal formulada pode gerar insegurança por décadas. Parece exagero? Nem tanto. Em 2007, o psicólogo canadense Jordan Peterson publicou uma análise sobre como experiências aparentemente pequenas moldam nosso sistema de crenças. O que começa com uma frase mal interpretada, uma crítica feita no momento errado ou uma comparação inofensiva pode, aos poucos, transformar-se em padrão emocional. Ao longo do tempo, esse padrão altera profundamente nossa forma de agir, reagir e interpretar o mundo. Em seu estudo "A Psycho-ontological Analysis of Genesis 2-6" [Uma análise psico-ontológica de *Gênesis* 2-6, em tradução livre], Peterson discute como narrativas simbólicas constroem estruturas cognitivas que guiam nossos comportamentos mesmo sem percebermos. Em outro trabalho, coassinado com Maja Djikic, "You Can Neither Remember Nor Forget What You Do Not Understand" [Você não pode lembrar nem esquecer o que não entende, em tradução livre], ele mostra que a memória humana é altamente moldável. Interpretamos o passado com base no que acreditamos no presente, e isso reforça ou distorce padrões emocionais. Essa mesma lógica aparece no conceito de *self-authorship*, que Peterson explora em sua metodologia terapêutica. A proposta é olhar com clareza para o passado, identificar os momentos que deixaram marcas e, a partir daí, reescrever a trajetória com mais consciência. É neurociência aplicada à narrativa pessoal. Confirmando que esses pequenos desvios, inclusive emocionais, podem definir rumos inteiros.

Essa é a base do que chamamos aqui de "Efeito Borboleta Emocional"

A memória também não escapa dessa lógica sensível às condições iniciais. O caso emblemático é o da psicóloga e pesquisadora Elizabeth Loftus, que dedicou décadas ao estudo da maleabilidade da memória humana. Sua pesquisa mostrou que lembranças falsas podem ser implantadas com relativa facilidade por meio de sugestões mínimas, principalmente em contextos emocionalmente carregados ou de confiança interpessoal.

Em um de seus estudos mais famosos, conhecido como o experimento *Lost in the Mall* [O paradigma da perda no shopping, em tradução livre], de 1995, ela demonstrou que participantes podiam desenvolver lembranças vívidas de um evento fictício, como ter se perdido no shopping na infância, apenas porque um parente de confiança afirmava que isso havia acontecido. Apesar do episódio nunca ter ocorrido, cerca de 25% dos voluntários passaram a lembrar da situação com detalhes. A implicação é profunda, e traz o entendimento de que a memória não é um arquivo imutável, mas um processo de reconstrução que responde ao contexto, à sugestão e até ao próprio estado emocional do indivíduo.

Esse corpo de trabalho rendeu críticas, é claro, sobretudo por seu impacto em casos jurídicos. Mas também foi amplamente validado por revisões sistemáticas e replicações independentes. Pesquisadores como Daniel Schacter (autor de *The Seven Sins of Memory* [Os sete pecados da memória, em tradução livre]) e Henry L. Roediger III reforçaram as conclusões de Loftus, apontando que a memória é extremamente sensível a interferências e propensa à fabricação de eventos que *façam sentido*, mesmo que não sejam reais.

E aqui voltamos ao cerne da Teoria do Caos: um pequeno estímulo, como uma frase mal interpretada, uma lembrança distorcida, uma sugestão inocente, pode dar origem a um efeito dominó cognitivo que molda decisões, crenças e reações. O que parecia apenas uma lembrança se torna um fator determinante na forma como você se vê, como age e até como projeta seu futuro.

A mente como um sistema caótico

Entendendo que a mente humana não é um sistema linear, podemos facilmente estudá-la por meio dos conceitos da Teoria do Caos. Afinal, é um ecossistema dinâmico, sensível a estímulos mínimos, com milhões de variáveis interagindo o tempo todo como pensamentos, emoções, memórias, impulsos físicos e fatores externos.

Assim como no clima estudado por Lorenz, em que uma mínima alteração numa corrente atmosférica pode alterar a rota de um furacão, na mente, um comentário aparentemente inofensivo, um som, um cheiro ou até um olhar podem disparar uma cadeia de reações que mudam completamente o estado emocional e cognitivo de uma pessoa.

Para entender melhor, é útil olhar para as duas estruturas centrais que comandam esse sistema: o sistema límbico e o córtex pré-frontal.

O sistema límbico é o centro das nossas emoções, nossos impulsos e nossas reações automáticas. Ele opera como um radar de sobrevivência, detecta ameaças, dispara alarmes e comanda

[...] um pequeno estímulo, como uma frase mal interpretada, uma lembrança distorcida, uma sugestão inocente, pode dar origem a um efeito dominó cognitivo que molda decisões, crenças e reações.

reações rápidas. Quando você reage de forma explosiva, sente medo sem motivo aparente ou toma uma decisão por impulso, é ele que está no comando. É o lado "caótico" da mente em sua forma mais visceral.

Por outro lado, o córtex pré-frontal é onde mora a razão, o planejamento, o julgamento moral, o controle de impulsos. Ele é o que nos permite pensar antes de agir, avaliar consequências, ponderar decisões e criar estratégias de longo prazo. É a parte que tenta criar ordem dentro do caos e, não por acaso, é também onde está nossa maior capacidade de adaptação.

Imagine um cenário cotidiano onde você recebe uma crítica inesperada durante uma reunião. Se o sistema límbico assume o controle, sua resposta pode ser emocional, defensiva, reativa e até agressiva. Mas se o córtex pré-frontal estiver em boas condições de funcionamento, ele pode "segurar" a reação inicial, analisar o contexto e responder com mais clareza e equilíbrio.

O problema é que esses dois sistemas não operam ao mesmo tempo com a mesma força. Quando um está em alta, o outro tende a ficar em segundo plano. O caos mental, portanto, nasce justamente dessa oscilação. E a imprevisibilidade se instala quando esses sistemas se ativam em descompasso e muitas vezes por fatores invisíveis, como uma noite mal dormida, um trauma não resolvido ou uma pressão silenciosa do ambiente.

Eu vejo isso acontecer quase todos os dias. Meu sócio na área de tecnologia é o oposto exato de mim. Onde eu analiso, ele reage. Onde eu pondero, ele já está três passos à frente com ou sem mapa. Não é exagero dizer que quem convive com a gente já prevê quem vai surtar primeiro numa reunião tensa.

A diferença entre nós virou quase uma caricatura corporativa nos escritórios. Eu, com o córtex pré-frontal no comando, quero organizar as variáveis, pensar nos impactos, prever cenários. Ele, com o sistema límbico em alerta máximo, quer agir e sempre age. Já saímos de reuniões com decisões tomadas antes mesmo de alinhar os fatos. Algumas deram certo, outras nos custaram alguns dólares.

Não é julgamento, é constatação de que são estilos mentais diferentes. O mais curioso é que, depois de anos, nós dois passamos a operar como um sistema caótico. Eu puxo o freio quando a aceleração vira risco e ele me empurra quando minha análise ameaça perder uma oportunidade. Dançamos com o caos na prática.

Então o cérebro humano, como qualquer sistema caótico, também possui atratores com padrões que se repetem e para os quais a mente tende a "retornar". No campo psicológico, esses atratores podem ser crenças automáticas, reações emocionais recorrentes ou padrões de pensamento que funcionam como trilhos invisíveis por onde transitamos sem perceber.

Ao reconhecer esses atratores como nossos gatilhos emocionais, ciclos repetitivos de pensamento e automatismos mentais, ganhamos a chance de fazer escolhas conscientes, em vez de simplesmente reagir ao ambiente.

Entender a mente como um sistema caótico não é assumir desordem, mas sim aceitar que ela opera com uma lógica sensível, fluida e muitas vezes invisível aos olhos. E justamente por isso é poderosa.

Quando aprendemos a ouvir seus sinais e ajustamos os padrões certos, deixamos de ser passageiros do próprio comportamento e passamos a pilotar, ainda que no meio da tempestade.

Criamos o mundo que acreditamos

A realidade, como percebemos, não é uma fotografia objetiva dos fatos, é uma projeção filtrada por tudo aquilo que já vivemos, acreditamos e esperamos. Assim como nos sistemas caóticos, em que pequenas variações mudam trajetórias inteiras, o modo como interpretamos o mundo nasce de estímulos mínimos, mas carregados de significado.

A mente humana é uma máquina de confirmação

Diante de um mesmo acontecimento, duas pessoas podem enxergar histórias completamente diferentes. Isso porque seus filtros mentais, suas crenças prévias e suas emoções ativadas conduzem a interpretações divergentes. É o que a psicologia chama de viés de confirmação. Ou seja, tendemos a notar, lembrar e valorizar aquilo que confirma o que já acreditamos.

Quando você acha que "nada dá certo para você", seu cérebro começa a selecionar evidências que sustentam essa crença. Ignora conquistas, minimiza acertos e exagera tropeços. O oposto também é verdadeiro, se você está convencido de que "as coisas vão se resolver", sua atenção busca sinais de progresso e constrói, silenciosamente, caminhos de solução.

Esse processo não é esotérico, é neurológico. A psicologia cognitiva e as ciências do comportamento já demonstraram como a percepção é moldada por crenças, emoções e experiências passadas, criando o que alguns estudiosos chamam de "realidade subjetiva construída".

Um exemplo marcante está no famoso estudo de Albert Hastorf e Hadley Cantril de 1954, em que alunos de duas universidades assistiram ao mesmo jogo de futebol, mas descreveram lances, faltas e intenções dos jogadores de formas totalmente opostas, quase sempre favorecendo o time pelo qual torciam. A realidade, nesse caso, foi criada pela identidade de cada um.

Na prática, nossa mente opera como um algoritmo de busca e quanto mais você alimenta uma crença, mais resultados semelhantes ela devolve. Pequenos pensamentos cotidianos como "sou ruim com dinheiro", "nunca serei promovido", "não tenho criatividade", podem funcionar como as condições iniciais de um sistema caótico. Repetidos com frequência, passam a influenciar comportamentos, escolhas e percepções. E é assim que o caos mental vai organizando sua própria realidade.

É por isso que algumas pessoas vivem em ambientes objetivos semelhantes, mas têm experiências de vida completamente diferentes. A diferença não está no que acontece e sim em como interpretam o que acontece.

Falamos um pouco sobre isso no capítulo "Você é o que você faz". Lembrando que a neurociência já comprovou que a neuroplasticidade permite reprogramar nossos padrões de pensamento e percepção. A maneira como você enxerga o mundo hoje não é um destino fixo, é uma construção. E como qualquer construção, pode ser remodelada.

A hipótese da simulação: E se tudo isso for programado?

Talvez você já tenha se perguntado, no meio de um déjà-vu mal explicado, ou naquela sucessão de coincidências absurdas, se o mundo ao seu redor não está… *rodando algum script estranho*. Uma sequência de eventos tão específicos que parece escrita por um roteirista de ficção científica com senso de humor ácido. Pois é. Você não está sozinho nessa.

A hipótese da simulação propõe exatamente isso, que tudo o que chamamos de realidade pode ser, na verdade, o resultado de uma simulação extremamente avançada. Tipo um *The Sims* cósmico, mas com muito mais detalhes e camadas.

Esse argumento ficou mais conhecido depois do trabalho do filósofo Nick Bostrom, da Universidade Oxford. Em 2003, ele formulou um raciocínio simples, porém desconfortável. Se uma civilização futuramente for capaz de criar simulações perfeitas de realidades com seres conscientes e criar muitas, então, estatisticamente, é mais provável que estejamos em uma dessas simulações do que na "realidade base". E isso é matemática, não série *sci-fi*.

Mas o fascínio por essa ideia não é exatamente novo. Platão, com seu Mito da Caverna, já nos alertava que poderíamos estar vendo apenas as sombras da realidade. Descartes, no século XVII, foi ainda mais fundo, talvez tudo que sentimos seja engano, exceto o pensamento. Daí o famoso "Penso, logo existo", que hoje talvez fosse traduzido como "Se estou processando, deve haver um processador".

No Oriente, a filosofia hindu fala em Maya, a ilusão da realidade material. E a física quântica moderna, curiosamente, parece flertar com a mesma ideia de partículas que "decidem" seu comportamento só quando são observadas. Espaço-tempo possivelmente granular, como se fosse composto por pixels.

Sim, parece roteiro de *Matrix*. E talvez por isso *Matrix* tenha funcionado tão bem. Porque, no fundo, a metáfora ressoava com uma intuição que muitos já tinham. A de que nem tudo é tão espontâneo quanto parece.

Mas calma. A ideia aqui não é convencer ninguém de que estamos num metaverso gigante. Até porque, se estivermos, o botão

Assim como nos sistemas caóticos, em que pequenas variações mudam trajetórias inteiras, o modo como interpretamos o mundo nasce de estímulos mínimos, mas carregados de significado.

de saída claramente não está do nosso lado. A proposta é outra, a de pensar na possibilidade como um exercício de ampliação de perspectiva. Porque se a realidade é, ou pode ser, programável, isso muda a forma como lidamos com as variáveis.

O mais interessante é que a Teoria do Caos e a hipótese da simulação se cruzam justamente na imprevisibilidade. Uma diz que pequenas causas podem gerar grandes efeitos. A outra sugere que, se tudo é programado, então qualquer alteração de parâmetro, por menor que seja, pode desencadear uma nova cadeia de eventos. E se o sistema é sensível o suficiente, até uma escolha sua pode mudar o cenário todo.

Talvez você não consiga provar que vive numa simulação. Mas talvez não precise. Se tudo o que chamamos de "realidade" for, no fim, um conjunto de padrões, estímulos e respostas... então aprender a jogar com isso, mesmo sem saber o código, já é uma forma de hackear o sistema.

Você não precisa de certezas absolutas para mudar seu padrão. Basta reconhecer que, como na mente, tudo começa com uma pequena escolha. Ou, como diria Morpheus: "O que você faz com essa informação é o que importa. A escolha é sua".

8

Déjà-vu e intuição nas decisões de negócios

MAS O QUE SIGNIFICA DÉJÀ-VU?
TENHO A SENSAÇÃO QUE VOCÊ JÁ ME PERGUNTOU ISSO ANTES...

VOCÊ JÁ TEVE AQUELA SENSAÇÃO ESTRANHA DE JÁ TER VIVIDO UMA situação mesmo sabendo que aquilo nunca tenha acontecido antes?

Talvez em uma reunião, ouvindo alguém apresentar uma ideia, você tenha pensado: "Já vi esse slide... já vivi esse momento...". E, mesmo sem encontrar explicação lógica, seu corpo reagiu. Algo ali ativou sua atenção, seu radar interno, seu instinto.

Essa experiência, conhecida como déjà-vu, é um dos fenômenos mais intrigantes da mente humana e pode ser mais importante para os negócios do que parece. Isso porque, em sistemas complexos como o mercado, a mente e a própria vida, os padrões nem sempre se revelam de forma racional. Às vezes, é o corpo que avisa primeiro e abre a porta para algo maior, a intuição como recurso estratégico nos negócios.

Porque se é verdade que a vida é regida por sistemas sensíveis e dinâmicos, então não é exagero pensar que a mente, em seu esforço para antecipar o imprevisível, cria atalhos. E o déjà-vu pode ser um deles. Uma espécie de alerta suave do inconsciente, uma piscada da nossa bagagem emocional e analítica que sussurra: "Preste atenção. Você já jogou esse jogo".

Então, vamos explorar o que a ciência diz sobre esse fenômeno e também o que líderes e grandes tomadores de decisão dizem sobre seus "instantes de clareza sem explicação". Aqueles momentos em que não havia todos os dados... mas a escolha certa parecia óbvia.

Déjà-vu é um dos fenômenos mais intrigantes da mente humana e pode ser mais importante para os negócios do que parece.

Neste capítulo, o déjà-vu deixa de ser uma curiosidade e passa a ser técnico. Ele será apresentado como parte de uma inteligência estratégica: a capacidade de reconhecer padrões antes que eles se tornem evidentes.

O que é o déjà-vu?

O termo "déjà-vu" vem do francês e significa literalmente "já visto". A ciência já tentou de tudo para explicar o déjà-vu. Hipóteses neurológicas, testes com pacientes epilépticos, simulações em laboratório, modelos de sobreposição de memória. E o que descobriu?

Que o déjà-vu pode ser, sim, uma espécie de bug no nosso sistema cerebral. Mas também pode ser uma demonstração de eficiência cognitiva.

Em termos simples, é como se o cérebro recebesse uma informação nova como uma paisagem, uma frase, um gesto e, por associação com uma memória parecida, ativasse um "atalho". Ele reconhece padrões antes mesmo que você consiga verbalizá-los. É como se sua mente dissesse: "Não sei quando, mas já senti isso antes".

O psicólogo Alan Brown, em seus estudos clássicos, observou que o déjà-vu ocorre com mais frequência em pessoas com alto nível de atenção seletiva e com habilidade para reconhecer padrões. Não é apenas um tropeço da mente. Em alguns casos, é um refinamento.

A pesquisadora Anne Cleary, da Colorado State University, conseguiu simular experiências de déjà-vu em laboratório, recriando ambientes virtuais semelhantes a memórias anteriores dos participantes. A conclusão? O déjà-vu surge quando o cérebro identifica familiaridade sem ter acesso à origem da memória. Ou seja, é como se você "sentisse saber", mesmo que não "lembre de onde".

Isso, por si só, já nos diz muito sobre decisões intuitivas. Quando você entra numa sala de reunião e algo parece "errado", ainda que todos os dados digam o contrário, talvez sua mente esteja cruzando dados de experiências anteriores que você nem lembra conscientemente. Um sócio de negócios, uma proposta de investimento, um pitch bem ensaiado: tudo é novo, mas algo soa... repetido. E é aí que o déjà-vu aparece.

A questão principal é: quando isso acontece, você ignora ou escuta?

Quando a intuição fala mais alto que os dados

Nem sempre uma boa decisão nasce de um bom plano. Aliás, se você já precisou fazer uma escolha importante, daquelas que mudam uma rota de carreira, definem um investimento ou encerram uma parceria, talvez se lembre de que a resposta não veio de uma planilha, mas em forma de sensação.

Às vezes, é como um nó que prende o corpo. Um desconforto discreto. Um tipo de silêncio interno que se instala bem antes da certeza. Não é previsível, não é racional. Mas também não é aleatório. É como se algo no ambiente, na experiência ou na história que você carrega, estivesse piscando em segundo plano, tentando te avisar que você já sentiu isso antes, preste atenção.

E por mais que pareça místico à primeira vista, a ciência e a psicologia já mostraram que esses episódios são, muitas vezes, a forma como o cérebro conecta padrões escondidos e experiências vividas, decisões anteriores, sensações armazenadas e tudo isso numa sensação que parece ilógica, mas que carrega certeza demais para ser ignorada.

Foi o que aconteceu com Howard Schultz, ex-CEO da Starbucks, durante uma viagem à Itália no início dos anos 1980. Em entrevista, anos depois, Schultz contou que entrou em uma cafeteria em Milão e sentiu algo que não conseguia explicar: "Era como se já tivesse estado ali. O aroma do café, o movimento dos atendentes, o ambiente acolhedor...". Tudo lhe parecia familiar, embora racionalmente soubesse que era sua primeira vez naquele país.

A experiência foi descrita por ele como um tipo de "lembrança emocional futura". Schultz voltou aos Estados Unidos com uma ideia que parecia insana para o mercado americano da época, transformar o ato de tomar café em uma experiência de hospitalidade, conforto e pertencimento e não apenas um produto para levar no copo.

Duas décadas depois, a Starbucks havia se tornado uma das maiores redes do mundo. Schultz, ao revisar essa trajetória, disse que foi naquela viagem que tudo começou, e não com uma pesquisa de tendências, mas com uma sensação tão vívida quanto inexplicável, que mais tarde ele entenderia como uma conexão profunda entre ambiente, propósito e visão de futuro.

Outro exemplo emblemático é o de Steve Jobs, que relatou diversos momentos de "intuição inexplicável" durante o processo de criação do Macintosh. Ele costumava dizer que "a intuição é mais poderosa que o intelecto", e frequentemente tomava decisões que contrariavam conselhos técnicos ou dados de pesquisa. Em uma entrevista de 2005, Jobs contou que muitas das inovações do time da Apple vinham de uma sensação de "já termos feito isso antes, mas de outro jeito". Ele não chamava de déjà-vu, mas descrevia a mesma sensação: uma familiaridade que surgia antes da evidência, como se algo já estivesse pré-escrito.

Esses casos reforçam que, mesmo em ambientes guiados por lógica e eficiência, a mente humana continua sendo um radar poderoso. A mágica que o cérebro executa é que, mesmo quando você não está consciente disso, ele processa centenas de variáveis e dispara um sinal quando algo "bate". O déjà-vu e a intuição, nesse contexto, podem ser menos uma falha de processamento ou uma tendência à zona de conforto e mais um aviso sofisticado do inconsciente, sinalizando que existe ali algo que nós já sabemos a resposta.

Mas o mais importante disso é que cabe a você decidir o que fazer com esse sinal.

A intuição como inteligência em ação

Hoje, sabemos que a intuição é um atalho cognitivo extremamente sofisticado. Um processamento rápido de experiências anteriores, referências inconscientes e padrões emocionais armazenados. É como se o cérebro, em milissegundos, cruzasse todos os dados que você já viveu e devolvesse uma resposta pré-verbal, muitas vezes sentida no corpo antes de ser traduzida em palavras.

Nem sempre uma boa decisão nasce de um bom plano. Aliás, se você já precisou fazer uma escolha importante, daquelas que mudam uma rota de carreira, definem um investimento ou encerram uma parceria, talvez se lembre de que a resposta não veio de uma planilha, mas em forma de sensação.

O neurocientista português António Damásio foi um dos responsáveis por popularizar esse conceito com sua teoria dos "marcadores somáticos". Segundo ele, as decisões não são feitas apenas com base na lógica, mas em sinais físicos, como um aperto no peito, um calor nas mãos ou um desconforto no estômago, que surgem como reações do corpo a cenários vivenciados no passado.

No mundo corporativo, isso pode fazer toda a diferença. Pense em quando você rejeita uma proposta que no papel é perfeita, mas há algo na postura do proponente que incomoda. Ou quando aposta em uma ideia embrionária apenas porque algo nela parece certo. Esses momentos não são irracionais. São manifestações de uma inteligência emocional e experiencial que opera sob a superfície da lógica.

E é aí que o déjà-vu se encontra com a intuição. Ambos podem ser sinais de que o inconsciente está processando algo mais rápido que a mente racional consegue acompanhar.

A questão, então, não é se devemos confiar cegamente na intuição. Mas, sim, se conseguimos desenvolver a sensibilidade para reconhecê-la, testá-la e integrá-la ao nosso processo decisório. Intuição sem análise pode ser impulso. Análise sem intuição pode ser paralisia.

Os sinais que o caos entrega

Quando comecei a observar a Teoria do Caos não como um conceito abstrato, mas como uma ferramenta de leitura da vida real, percebi algo que mudou minha forma de decidir: o caos não avisa com sirene, ele sussurra. E, às vezes, esse sussurro chega disfarçado de intuição. Outras, como déjà-vu.

Ambos são, em essência, expressões de um sistema interno tentando avisar que algo está prestes a acontecer. Uma forma de antecipação silenciosa. O cérebro, com base em milhões de fragmentos de experiências passadas, tenta projetar cenários futuros sem passar por um plano racional estruturado. O resultado é uma sensação: "Já estive aqui", "Melhor não seguir por aí", "Parece que foi feito para mim".

Em termos caóticos, são sinais gerados pelas condições imputadas previamente no nosso próprio sistema cognitivo. Não são certezas, mas alertas. Um déjà-vu pode ser o cérebro acessando atalhos inconscientes para entregar, em milissegundos, uma leitura estratégica de um padrão que já começou a se formar.

E aqui está a beleza da conexão com a Teoria do Caos, assim como uma leve mudança atmosférica pode, dias depois, se tornar um furacão, uma microlembrança emocional, uma referência visual mal registrada ou uma sensação corporal sutil podem ser a pista que nos leva a uma grande decisão ou a um desvio crucial.

É por isso que a intuição, muitas vezes desacreditada no mundo corporativo, precisa ser olhada com mais cuidado. Ela não se opõe à lógica. Ela é uma forma de lógica comprimida, moldada por dados que o cérebro não teve tempo (ou palavras) para traduzir. E o déjà-vu é um dos seus sintomas mais misteriosos e eficientes.

Claro, isso não significa que todo pressentimento seja genial. Mas significa que alguns sinais internos, por mais ilógicos que pareçam, carregam em si vestígios de experiências anteriores, de padrões repetidos e de caos que se reorganiza.

9

Into action

LORENA E EU NOS CONHECEMOS COMPLETAMENTE POR ACASO...
DROGA DE EFEITO BORBOLETA

ATÉ AQUI, VOCÊ PERCORREU COMIGO OS CAMINHOS DA TEORIA DO Caos nos sistemas, nas emoções, nas decisões e até na percepção da realidade. Mas teoria sem prática é apenas retórica.

É agora que a história muda de tom. Porque neste capítulo, deixo os conceitos no papel e coloco o caos em campo. Exatamente como aconteceu comigo nos bastidores (e nos bastidores dos bastidores) de algumas das empresas que criei, dirigi ou fui incorporado. Não foi teste de laboratório. Foi vida real. Foram empresas com registros, contratos assinados, clientes exigentes e investidores com pressa.

Nas próximas páginas, você vai entender como usei o que aprendi para atravessar pontos de ruptura, virar a mesa em negociações que pareciam perdidas e, principalmente, assumir as rédeas de um modelo de negócio que não nasceu do controle, mas da observação.

Mesmo depois de tudo o que estudei, li e escrevi sobre a Teoria do Caos, havia uma dúvida que ainda me acompanhava: e se, na prática, nada disso funcionasse?

Uma coisa é analisar sistemas complexos com distância e frieza, como se fossem fenômenos da natureza. Outra, bem diferente, é aplicar esses mesmos conceitos de imprevisibilidade, bifurcação e sensibilidade às mudanças no coração pulsante de um negócio real. Com contratos a pagar. Com prazos e expectativas.

Por algum tempo, confesso, achei que estava sendo guiado mais pela fé do que pela estratégia. Tomava decisões com base em padrões que ainda estavam em formação, confiando mais na minha leitura dos sinais do que em planilhas bem construídas. Mas foi justamente nesse caos que as coisas começaram a fazer sentido.

Não de uma vez. Nem com garantias.

Mas com pequenos acertos que, aos poucos, se retroalimentaram. Reações em cadeia que começaram como hipótese e se confirmaram em resultados. Aquelas empresas que, no papel, tinham tudo para vencer com os investidores certos, o mercado aberto e o produto mais alinhado, nem sempre foram as que vingaram.

Vencia a que conseguia se sintonizar com o problema real, no momento certo, com uma entrega rápida e uma equipe afiada. Vencia quem reagia melhor ao inesperado. Vencia quem entendia o jogo como sistema, e não como um plano fixo.

Foi aí que percebi: startups, como sistemas dinâmicos, não fracassam ou vencem por um único fator. Elas oscilam, se reorganizam, respondem a perturbações internas e externas, e só sobrevivem se forem construídas para dançar com o caos.

E foi quando parei de tentar controlar o cenário e comecei a construir futuros possíveis que respondessem bem às mudanças que tudo começou a se transformar.

O primeiro embate real com o caos

Um dos momentos que confirmou na prática tudo que a teoria me prometia veio quando ganhei um desafio de inovação patrocinado por um dos maiores bancos da América Latina.

Minha startup estava afiada, com produto validado, operação escalável, time técnico forte e reconhecimento crescente no ecossistema. O prêmio, em tese, era uma parceria estratégica com o banco. Mas bastou o contrato chegar para o jogo mudar.

EURECA!

Entendi naquele instante por que grandes corporações fazem tanto esforço para se aproximar de startups. Não é só inovação. É engenharia de absorção. O objetivo real, muitas vezes, é pegar o que funciona, desmontar em silêncio, manter o que interessa e dissolver o resto no esquecimento corporativo.

A carta de intenção parecia escrita por um time de advogados em um ritual jurídico milenar. Densa, complexa, cheia de cláusulas que soavam mais como concessões irreversíveis do que como oportunidades. O que parecia ser uma compra estratégica revelava, na verdade, uma absorção gradativa. Eu, meus sócios, meu produto, tudo seria engolido. E, com sorte, eu ainda teria que assinar um *earn-out* em que o valor da venda seria pago em suaves prestações, condicionadas a metas que, na prática, eu já não controlaria mais.

Li aquele contrato como quem lê o roteiro de um filme que termina mal. O entusiasmo virou alerta. A euforia deu lugar a um silêncio inquieto.

Foi então que o caos sussurrou. Se você aceitar isso agora, essa pequena assinatura vai se desdobrar em efeitos que você não poderá desfazer. Aquele era o meu ponto de bifurcação.

Recusei.

Não foi fácil. Mas foi necessário. E essa decisão, aparentemente irracional do ponto de vista financeiro, foi o que me manteve vivo como empreendedor. Como pensador livre dentro do sistema. E, sim, aconteceu de novo em outro setor, outro contrato, outro jogo. A proposta mudou. O roteiro também. Mas o padrão... era o mesmo.

Foi nesse embate direto entre teoria e prática que eu entendi: no mundo real, a Teoria do Caos não é só um conceito. É um mapa de sobrevivência. E, se você aprender a reconhecê-lo a tempo, pode evitar cair nos padrões que engolem tantos negócios brilhantes.

Your business, your decisions

Assumir os riscos faz parte do jogo. Mas assumir que as decisões certas ou erradas são exclusivamente suas, é outra camada. No começo, tentei dividir esse peso com parceiros, com investidores, com times inteiros. Mas quanto mais o caos se manifestava, mais eu percebia que ninguém ia pagar o preço das escolhas por mim. Só eu mesmo.

É claro que se cercar de gente boa faz toda a diferença. Um bom time protege. Uma boa rede sustenta. Mas, no fim do dia, quem segura a caneta e assina o que pode mudar o rumo de tudo é você.

No fim do dia,
quem segura a caneta
e assina o que pode
mudar o rumo de tudo
é você.

Depois de recusar as aquisições que me deixariam à margem da própria criação, eu me vi numa posição que era ao mesmo tempo libertadora e assustadora: sozinho no leme. Mas com um leme de verdade. Com autonomia. E, sim, com um milhão de dólares no caixa, um modelo de negócios validado, um time afiado e clientes prontos para fazer a roda girar.

Na primeira semana, vendemos quase meio milhão. Sem precisar mexer em um centavo do investimento inicial.

Foi ali que tive clareza do próximo movimento, o de seguir com independência total. Nada de rodadas de investimento com cláusulas sufocantes. Nada de colocar o volante nas mãos de quem não entende a estrada.

Eu me apoiei na Teoria do Caos, sim, mas não como se fosse um dogma, e sim como uma lente para tomar decisões mais conscientes. Sabia que pequenas variáveis fariam a diferença no longo prazo. E que, por isso, cada escolha precisava carregar intenção.

Comecei pequeno, mas fui rápido. Logo saímos do digital para espaços físicos. Escritórios em cidades estratégicas. Equipes descentralizadas. Mini.incs rodando a todo vapor.

Enquanto muitas startups miravam no efeito de rede e no crescimento exponencial, eu mirava em outra coisa, na relevância real para os clientes certos. Não precisava de milhões de usuários, só precisava dos certos. Aqueles que enxergavam valor desde o primeiro contato e seguiam conectados porque havia propósito no serviço.

Essa filosofia de crescer sem pressa, mas com precisão, não apenas sustentou a operação, como abriu espaço para algo que eu não tinha previsto: o surgimento de novas ideias, novos produtos, novas empresas.

Um fluxo começou a acontecer. Um cliente virava parceiro. Um projeto interno ganhava vida própria. Uma solução pensada para uso interno tornava-se um novo negócio. E, mais do que isso, eu percebia que tinha se formado ali um ecossistema vivo. Um sistema em que o caos não era temido, mas reconhecido. E, dentro dele, padrões emergiam o tempo todo se você soubesse onde olhar.

Foi quando entendi que eu não queria (nem devia) mais estar dentro das empresas que criava. Queria estar acima delas.

Enxergando de fora. Atuando como o elemento externo que, como em tantos sistemas caóticos, pode gerar uma bifurcação positiva.

Tomei a decisão e me tornei investidor e sócio majoritário dos negócios que criei, sem interferir no dia a dia. Cada empresa ganhou sua própria liderança, escolhida a dedo. E a estrutura seguiu no mesmo formato que já vinha funcionando: Mini.incs com autonomia, interdependência e metas claras.

Construindo no caos

Depois de anos tentando encaixar meu projeto em moldes que não eram meus e aceitando contratos que me acorrentaram, dividindo decisões com investidores que nunca experimentaram a mesma visão de futuro e batendo cabeça com burocracias que mais atrapalhavam do que protegiam, tomei uma decisão que parecia arriscada na época, mas os sinais estavam todos ali. Eu não podia ignorar.

Então, se o caos é inevitável, o que podemos fazer é nos posicionar de forma estratégica dentro dele. E foi exatamente isso que fiz. Criei uma nova arquitetura. Não só de negócio, mas de relacionamento com as ideias, com as pessoas e com o dinheiro. Nasceu assim a minha Fundação.

Mas não se engane. Ela não nasceu como uma promessa de redenção, nem como um plano mirabolante para resolver tudo. Ela nasceu como resposta a cada cláusula que quase me tirou a autonomia. A cada investidor que se mostrou mais interessado no controle do que no impacto. A cada tentativa de fazer parte de um jogo que não foi feito para mim.

A Fundação surgiu como um ecossistema de confiança. Onde cada projeto seria uma microempresa (ou como eu prefiro chamar, uma Mini.inc), com autonomia para operar, mas conectada por valores em comum: inovação com responsabilidade, design com propósito, tecnologia com impacto real.

E o mais importante: sem precisar convencer ninguém além de mim mesmo.

O investimento passou a vir de mim e de parceiros que escolhi com muita cautela. O modelo de governança foi pensado para ser colaborativo, sem as vaidades que normalmente travam decisões. E, principalmente, cada startup que nasceu ali carregava em si os erros que eu já tinha cometido e as correções que aprendi a fazer.

Não era sobre criar uma fundação para angariar fundos. Era sobre criar um espaço onde boas ideias não precisassem se curvar ao modelo de sempre para sobreviver.

Com o tempo, esse ecossistema foi ganhando robustez em áreas como jurídico, marketing, design e meios de pagamento. Deixou de ser apenas um conjunto de startups com bons produtos e passou a se comportar como um sistema que se autorregula, aprende, cresce e, como manda a Teoria do Caos, transforma pequenas decisões em resultados exponenciais.

Cada projeto ali é um novo experimento. E cada experimento bem-sucedido reafirma a tese que guia este livro: o caos não é um problema a ser resolvido. É uma condição a ser compreendida.

Com a ideia de manter a estratégia em movimento, sem depender de captação externa ou pressões de curto prazo. Um espaço onde os projetos certos poderiam florescer com os recursos certos, no tempo certo. E, mais do que isso, com a liberdade para buscar soluções, clientes e rentabilidade.

Quando recusei a segunda proposta, já não estava mais assustado. Estava pronto. Tinha um milhão de dólares no bolso, fruto de investimentos bem-feitos e operações enxutas, e decidi fazer diferente. Em vez de construir uma empresa para ser vendida, decidi construir uma empresa para existir.

E, se o jogo era caótico, que fosse jogado com as minhas regras.

Na primeira semana com a operação sob controle total, vendemos quase meio milhão em soluções. Sem precisar queimar caixa, sem storytelling para investidor. Apenas estratégia, estrutura e foco.

De fundador de startup para investidor do caos

Com o tempo, os projetos se multiplicaram. Ideias viravam operações. Operações viravam startups. Startups viravam ativos.

Foi então que fiz o movimento que realmente mudou o jogo: deixei de ser apenas fundador para me tornar investidor majoritário das minhas criações. Elegia um CEO, criava um time em formato Mini.inc e passava a atuar de forma estratégica, de cima, orquestrando sincronia entre empresas, produtos e mercados.

Essa visão macro me permitia algo raro: ver os atratores. Entender onde o sistema estava prestes a bifurcar. Antecipar o caos e agir não para evitá-lo, mas para usá-lo como propulsão.

Se você já entendeu como o caos funciona, não precisa prever tudo. Só precisa saber onde posicionar sua próxima ação.

10

Grand Finale

E AGORA, PARA MEU ATO FINAL, TIRAREI UM MÁGICO DA MINHA CARTOLA

O caos é seu novo começo

Quando comecei a escrever este livro, eu não queria apenas ensinar o que estudei ao longo da vida. Queria contar o que vivi. Mostrar que o caos não é uma força a ser combatida, mas uma linguagem a ser decifrada. Que, em vez de resistir, podemos aprender a nos mover com ele. Ao observar seus sinais, ler seus padrões, podemos agir antes que ele mude tudo de lugar.

Se você chegou até aqui, sabe que a Teoria do Caos não é sobre desordem, mas sobre sensibilidade. Pequenas causas, grandes efeitos. Mudanças inesperadas. Sistemas que se reorganizam. Você também viu como isso se manifesta em empresas, em negociações, na memória, nas escolhas e, às vezes, na realidade inteira.

Agora, é hora de olhar para frente.

O caos é uma constante

A primeira grande verdade é que o caos não vai embora. Não importa quanto você estude, planeje ou se prepare, ele sempre vai reaparecer. Pode ser numa crise econômica, numa decisão errada, num algoritmo que muda de uma hora para outra ou naquele momento em que tudo parecia estável e, de repente, não é mais.

O caos nunca desaparecerá completamente, ele é parte essencial do universo e da evolução. Ele é a força que reorganiza, que empurra para a mudança. Quem reconhece isso, não apenas sobrevive melhor, mas prospera nele.

Previsibilidade? Só até a página dois

Com os avanços da tecnologia, é tentador acreditar que podemos prever tudo. Que a inteligência artificial vai nos dar mapas completos do futuro. E, sim, modelos preditivos estão ajudando a antecipar desastres, otimizar logísticas, prever surtos de doenças ou flutuações econômicas.

Mas não se engane. A inteligência artificial é uma aliada para ler o caos, não para controlá-lo. Ela ajuda a entender padrões onde antes só havia ruído. Mas não elimina a imprevisibilidade. E nem deveria.

O segredo é usar todas essas ferramentas para aumentar a resiliência, e não para buscar um controle inalcançável.

A responsabilidade agora é sua

Você pode escolher voltar ao mundo como antes. Seguir os modelos de sempre. Repetir padrões. Ignorar os sinais. Mas agora que você conhece o comportamento dos sistemas complexos, isso seria como ver a tempestade se formando e sair sem guarda-chuva.

Porque a verdade é que, uma vez que você entende o caos, não tem mais desculpa para viver no piloto automático.

Agora você é responsável. Pelas suas bifurcações, pelas suas escolhas, pelas suas não escolhas. Pequenas decisões geram grandes desdobramentos. E, com o tempo, elas moldam sistemas inteiros.

Não tente consertar o caos. Aprenda a se mover com ele

A Teoria do Caos é, acima de tudo, um convite a sair do controle absoluto e entrar no jogo vivo da observação; a testar; a aprender com as variações; a criar modelos mais adaptáveis, mais humanos e mais inteligentes.

E é por isso que este livro termina assim: sem um manual. Apenas com uma nova lente. Use como quiser.

Visite: www.mistercaos.com.br para acompanhar atualizações, interações, comentários e conhecer nossos eventos.

Por isso que este livro termina assim: sem um manual. Apenas com uma nova lente.
Use como quiser.

Notas

A Lei dos Grandes Números e a Regra do Agrupamento

A Lei dos Grandes Números é um princípio estatístico clássico amplamente documentado em literatura de probabilidade e estatística, incluindo manuais como *Introduction to Probability Models*, de Sheldon M. Ross.

A Regra do Agrupamento (ou Clustering Illusion) foi discutida extensivamente em obras como *Rápido e devagar: Duas formas de pensar*, de Daniel Kahneman.

A aplicação direta em jogos de azar foi explicada na seção "O que diz a matemática?" do próprio manuscrito e referenciado no capítulo 6, "Quando o caos joga os dados".

Estudos de Jordan Peterson sobre crenças e memória

"A Psycho-Ontological Analysis of Genesis 2-6" (2007) é um estudo publicado por Jordan B. Peterson, no qual o autor discute a estrutura simbólica como base da construção de sistemas de crença.

"You Can Neither Remember Nor Forget What You Do Not Understand", coescrito com Maja Djikic, explora como a interpretação atual molda a memória de eventos passados.

Esses trabalhos destacam como narrativas simbólicas influenciam a formação do ser e a reconstrução da memória.

Elizabeth Loftus e a maleabilidade da memória

Loftus é uma das principais autoridades em falsas memórias. O experimento *Lost in the Mall* (1995) é um dos mais citados, demonstrando que 25% dos participantes podem formar memórias falsas com base em sugestões mínimas.

Fontes: *Journal of Experimental Psychology: General* e *The Myth of Repressed Memory*, de Elizabeth Loftus e Katherine Ketcham.

Reforçado por estudos de Daniel Schacter em *The Seven Sins of Memory* e de Henry L. Roediger III em revisões sistemáticas publicadas na *Psychological Review*.

Déjà-vu e as falhas do sistema neural

Pesquisas em neurociência apontam para falhas no hipocampo e na comunicação entre o córtex temporal medial e o lobo frontal como causa provável do déjà-vu.

Anne M. Cleary, pesquisadora da Colorado State University, investigou extensivamente o déjà vu, propondo que a sensação de familiaridade pode resultar de processos de memória episódica e reconhecimento sem acesso consciente ao evento original.

Cleary, A. M. (2008). *Recognition memory, familiarity, and déjà vu experiences. Current Directions in Psychological Science*, 17(5), pp. 353-7. Disponível em: https://doi.org/10.1111/j.1467-8721.2008.00605.x. Acesso em 13 ago. 2025.

Adicionalmente, *Memory Distortion: How Minds, Brains, and Societies Reconstruct the Past*, de Daniel L. Schacter, aborda como familiaridade pode ser confundida com memória real.

A hipótese da simulação — Nick Bostrom

Nick Bostrom apresentou a ideia formal da simulação no artigo "Are You Living in a Computer Simulation?" (2003), publicado no *Philosophical Quarterly*.

A hipótese é sustentada por pesquisadores em computação quântica e física teórica como Max Tegmark (MIT) e David Deutsch (Oxford).

Correlações com a física quântica, como a dualidade onda-partícula e a teoria da decoerência, foram discutidas em artigos da *Physical Review Letters* e da *Nature Physics*.

Aplicações reais em jogos e apostas

Os casos de Joan Ginther (quatro vezes vencedora da loteria do Texas) e Richard Lustig (sete vezes ganhador de loterias nos Estados Unidos) foram investigados pela CNN Money, *Forbes* e ABC News.

O jogo do bicho no Brasil, criado por João Batista Viana Drummond no século XIX, foi documentado em estudos de sociologia e cultura urbana publicados por Gilberto Velho.

Exemplos de apostas combinatórias na Europa

Práticas como exclusão de padrões, mapas de calor e combinação de sorteios anteriores foram relatadas em reportagens da BBC, *The Guardian* e *Le Monde* sobre a EuroMillions e os apostadores profissionais franceses.

Referências bibliográficas

BLAKELEY, Kiri. "Meet The 'Luckiest' Woman In The World". *Forbes*, 21 jul. 2011. Disponível em: https://www.forbes.com/sites/kiriblakeley/2011/07/21/meet-the-luckiest-woman-in-the-world. Acesso em: 9 jul. 2025.

BOSTROM, Nick. "Are You Living in a Computer Simulation?". *The Philosophical Quarterly*, v. 53, n. 211, p. 243-55, 2003.

CLEARY, A. M. *Recognition memory, familiarity, and déjà vu experiences. Current Directions in Psychological Science*, 17(5), pp. 353-7. Disponível em: https://doi.org/10.1111/j.1467-8721.2008.00605.x. Acesso em 13 ago. 2025.

GREENSTEIN, Barry. *Ace on the River: An Advanced Poker Guide*. Las Vegas: Last Knight Publishing, 2005.

HARARI, Yuval Noah. *Sapiens: uma breve história da humanidade*. 2ª ed. São Paulo: L&PM, 2017.

HOUSEL, Morgan. *A psicologia do dinheiro: Lições atemporais sobre fortuna, ganância e felicidade*. São Paulo: HarperCollins Brasil, 2021.

KAHNEMAN, Daniel. *Thinking, fast and slow*. New York: Farrar, Straus and Giroux, 2011. [Ed. bras.: *Rápido e devagar: Duas formas de pensar*. Rio de Janeiro: Objetiva, 2012.]

LALOUX, Frederic. *Reinventando as organizações: Um guia para criar organizações inspiradas no próximo estágio da consciência humana*. Osasco: Editora Voo, 2017.

LOFTUS, Elizabeth F. "Lost in the Mall: Misrepresentations and Misunderstandings". *Ethics & Behavior*, v. 9, n. 1, pp. 51-60, 1999.

LOFTUS, Elizabeth F.; KETCHAM, Katherine. *The Myth of Repressed Memory: False Memories and Allegations of Sexual Abuse*. New York: St. Martin's Griffin, 1994.

MCKEOWN, Greg. *Essencialismo: A disciplinada busca por menos*. Rio de Janeiro: Sextante, 2015.

PETERSON, Jordan B. "A Psycho-ontological Analysis of Genesis 2-6". *Archive for the Psychology of Religion*, v. 29, n. 1, pp. 87--125, 2007.

PETERSON, Jordan B.; DJIKIC, Maja. "You Can Neither Remember Nor Forget What You Do Not Understand". In: RICCI, G. R. (Ed.). *Justice and the Politics of Memory*. 1ª ed. New York: Routledge, 2003. pp. 85-118.

RIES, Eric. *A startup enxuta: Como usar a inovação contínua para criar negócios radicalmente bem-sucedidos*. Rio de Janeiro: Leya, 2012.

ROEDIGER III, Henry L.; SCHACTER, Daniel L. *Memory Distortion: How Minds, Brains, and Societies Reconstruct the Past*. Cambridge, MA: Harvard University Press, 1995.

ROSS, Sheldon M. *Introduction to Probability Models*. 11ª ed. Cambridge, MA: Academic Press, 2014.

SCHACTER, Daniel L. *The Seven Sins of Memory: How the Mind Forgets and Remembers*. New York: Houghton Mifflin, 2001.

SUN TZU. *A arte da guerra*. São Paulo: Buzz Editora, 2018.

TALEB, Nassim Nicholas. *Antifrágil: Coisas que se beneficiam com o caos*. Rio de Janeiro: Objetiva, 2012.

VELHO, Gilberto. *Individualismo e cultura: Notas para uma antropologia da sociedade contemporânea*. Rio de Janeiro: Zahar, 1981.

YAHOO NEWS LIVE. Richard Lustig (7 time Lottery Game Grand Prize Winner) on Yahoo News LIVE. YouTube. Disponível em: https://youtu.be/7MuGFe5LD3Y. Acesso em: 9 jul. 2025.

Dados Internacionais de Catalogação na Publicação (CIP)
(Câmara Brasileira do Livro, SP, Brasil)

Azevedo, Alby
Caos, a teoria: Caos parece desordem até que você entenda as regras do jogo / Alby Azevedo
1ª ed. São Paulo: Buzz Editora, 2025
144 pp.

ISBN 978-65-5393-486-3

1. Existência humana 2. Filosofia 3. Metafísica
4. Teoria do caos I. Título.

25-285863 CDD 110

Índice para catálogo sistemático:
1. Metafísica 110

Aline Graziele Benitez, Bibliotecária, CRB 1/3129

Publisher **Anderson Cavalcante**
Executiva **Céfara Moraes**
Coordenador editorial **Nestor Turano Jr.**
Editora **Laura Camanho**
Editora assistente **Érika Tamashiro**
Assistente editorial **Beatriz Furtado**
Preparação **Daniela Franco**
Revisão **Tatiana Custódio e Giovanna Caleiro**
Direção de arte **Gabriela Castro**
Designer **Letícia de Cássia**
Foto de capa **Modellagio**
Ilustrações de miolo **Bruno Romão | Coletivo Criaturas**
Imagem da p. 19 **"Atrator de Lorenz", simulação numérica com gnuplot, por Kku, disponível em Wikimedia Commons sob licença CC BY-SA 3.0.**

Comercial **Vanessa Almeida, Taciane Ferreira, Taíres Pereira e Aline Cruz**
Comunicação e marketing **Leonardo Cavarzam, Isabelle Pelozzo, Rafaella Rhein e Ana Clara de Oliveira**
Eventos **Marisa Marianno e Rayana Alana**
Operações **Vera Dantas, Flávio Bombardi, William Araújo, Rafael Valentin e Zeni Martins dos Santos**

Nesta edição, respeitou-se o novo Acordo Ortográfico da Língua Portuguesa.

Buzz Editora Ltda.
Av. Paulista, 726, Mezanino
CEP 01310-100, São Paulo, SP
[55 11] 4171 2317
www.buzzeditora.com

Fontes **Newzald, Façade e Videotext**
Papel **Pólen Bold 90 g/m²**
Impressão **Geográfica**